简 介

　　本书是根据西南大学"十三五"规划教材建设和"国家卓越农林人才培养计划""动物科学拔尖人才创新实验班培养计划"和"动物科学国家级实验教学示范中心"规划教材系列丛书的需要编写而成的。全书内容可分为四大部分：第一部分为基础性实验，包括11个实验项目，第二部分为综合性实验，包括8个实验项目，第三部分为设计性实验，包括3个实验项目，第四部分为实训，包括5个实训项目。

　　本书可作为水产院校水产养殖学、水族科学与技术专业本科生的水产动物疾病学、水族疾病防治学等课程的实验、实训教材，也可作为水产院校水产养殖、水族科学与技术专业相关教师、研究生以及水产科研、渔业生产等单位技术人员的参考用书。

扫码获取本书资源

卓越农林人才培养实验实训实习教材

水产动物疾病学实验与实训

主　编

唐　毅　吴正理

副主编

朱成科　余小波　陈德芳　孙翰昌

编写人员（按姓氏笔画排序）

朱　斌　　　（西北农林科技大学）
朱成科　　　（西南大学）
孙翰昌　　　（重庆文理学院）
吴正理　　　（西南大学）
余小波　　　（西南大学）
陈德芳　　　（四川农业大学）
徐大勇　　　（西昌学院）
唐　毅　　　（西南大学）
董艳珍　　　（西昌学院）
蒲德永　　　（西南大学）

西南大学出版社
国家一级出版社　全国百佳图书出版单位

图书在版编目（CIP）数据

水产动物疾病学实验与实训/唐毅,吴正理主编. -- 重庆：西南大学出版社,2022.6(2024.12重印)
ISBN 978-7-5697-1517-0

Ⅰ.①水… Ⅱ.①唐…②吴… Ⅲ.①水产动物—动物疾病—实验—高等学校—教材 Ⅳ.①S94

中国版本图书馆CIP数据核字(2022)第099979号

水产动物疾病学实验与实训
SHUICHAN DONGWU JIBINGXUE SHIYAN YU SHIXUN

主　编：唐　毅　吴正理

责任编辑：	郑持军
责任校对：	赵　洁
装帧设计：	观止堂_朱璇
排　　版：	杜霖森
出版发行：	西南大学出版社（原西南师范大学出版社）
印　　刷：	重庆正文印务有限公司
成品尺寸：	195 mm×255 mm
印　　张：	13.25
字　　数：	328千字
版　　次：	2022年6月　第1版
印　　次：	2024年12月　第2次印刷
书　　号：	ISBN 978-7-5697-1517-0
定　　价：	39.00元

水产动物疾病学实验与实训 总编委会

主任
刘 娟　苏胜齐

副主任
赵永聚　周克勇
王豪举　朱汉春

委员
曹立亭　段 彪　黄兰香
黄庆洲　蒋 礼　李前勇
刘安芳　宋振辉　魏述永
吴正理　向 恒　赵中权
郑小波　郑宗林　周朝伟
周勤飞　周荣琼

总序

2014年9月，教育部、农业部（现农业农村部）、国家林业局（现国家林业和草原局）批准西南大学动物科学专业、动物医学专业、动物药学专业本科人才培养为国家第一批卓越农林人才教育培养计划专业。学校与其他卓越农林人才培养高校广泛开展合作，积极探索卓越农林人才培养的模式、实训实践等教育教学改革，加强国家卓越农林人才培养校内实践基地建设，不断探索校企、校地协调育人机制的建立，开展全国专业实践技能大赛等，在卓越农业人才培养方面取得了巨大的成绩。西南大学水产养殖学专业、水族科学与技术专业同步与国家卓越农林人才教育培养计划专业开展了人才培养模式改革等教育教学探索与实践。2018年10月，教育部、农业农村部、国家林业和草原局发布的《关于加强农科教结合实施卓越农林人才教育培养计划2.0的意见》（简称《意见2.0》）明确提出，经过5年的努力，全面建立多层次、多类型、多样化的中国特色高等农林教育人才培养体系，提出了农林人才培养要开发优质课程资源，注重体现学科交叉融合、体现现代生物科技课程建设新要求，及时用农林业发展的新理论、新知识、新技术更新教学内容。

为适应新时代卓越农林人才教育培养的教学需求，促进"新农科"建设和"双万计划"顺利推进，进一步强化本科理论知识与实践技能培养，西南大学联合相关高校，在总结卓越农林人才培养改革与实践的经验基础之上，结合教育部《普通高等学校本科专业类教学质量国家标准》以及教育部、财政部、国家发展改革委《关于高等学校加快"双一流"建设的指导意见》等文件精神，决定推出一套"卓越农林人才培养实验实训实习教材"。本套教材包含动物科学、动物医学、动物药学、中兽医学、水产养殖学、水族科学与技术等本科专业的学科基础课程、专业发展课程和实践等教学环节的实验实训实习内容，适合作为动物科学、动物医学和水产养殖学及相关专业的教学用书，也可作为教学辅助材料。

本套教材面向全国各类高校的畜牧、兽医、水产及相关专业的实践教学环节，具有较广泛的适用性。归纳起来，这套教材有以下特点：

1. 准确定位，面向卓越 本套教材的深度与广度力求符合动物科学、动物医学和水产养殖学及相关专业国家人才培养标准的要求和卓越农林人才培养的需要，紧扣教学活动与知识结构，对人才培养体系、课程体系进行充分调研与论证，及时用现代农林业发展的新理论、新知识、新技术更新教学内容以培养卓越农林人才。

2. 夯实基础，切合实际 本套教材遵循卓越农林人才培养的理念和要求，注重夯实基础理论、基本知识、基本思维、基本技能；科学规划、优化学科品类，力求考虑学科的差异与融合，注重各学科间的有机衔接，切合教学实际。

3. 创新形式，案例引导 本套教材引入案例教学，以提高学生的学习兴趣和教学效果；与创新创业、行业生产实际紧密结合，增强学生运用所学知识与技能的能力，适应农业创新发展的特点。

4. 注重实践，衔接实训 本套教材注意厘清教学各环节，循序渐进，注重指导学生开展现场实训。

"授人以鱼，不如授人以渔。"本套教材尽可能地介绍各个实验（实训、实习）的目的要求、原理和背景、操作关键点、结果误差来源、生产实践应用范围等，通过对知识的迁移延伸、操作方法比较、案例分析等，培养学生的创新意识与探索精神。本套教材是目前国内出版的第一套落实《意见2.0》的实验实训实习教材，以期能对我国农林的人才培养和行业发展起到一定的借鉴引领作用。

以上是我们编写这套教材的初衷和理念，把它们写在这里，主要是为了自勉，并不表明这些我们已经全部做好了、做到位了。我们更希望使用这套教材的师生和其他读者多提宝贵意见，使教材得以不断完善。

本套教材的出版，也凝聚了西南大学和西南大学出版社相关领导的大量心血和支持，在此向他们表示衷心的感谢！

总编委会

2022年3月

前言
PREFACE

水产动物疾病学是水产养殖学领域最活跃的，理论性、实践性和应用性都很强的学科之一，多年以来一直被高等水产院校列为专业核心课程。水产动物疾病学实验、实训教学，是培养学生理论联系实际、学以致用和促进知识转化的重要环节，对进一步巩固、拓宽、强化和应用水产动物疾病学理论知识及培养学生科学的思维能力、提高分析和解决问题能力、树立实事求是的科学态度等都起着重要作用。为此，结合西南大学"十三五"规划教材建设和"国家卓越农林人才培养计划""动物科学拔尖人才创新实验班培养计划"和"动物科学国家级实验教学示范中心"规划教材系列丛书编写的需要，在原《水产动物疾病学实验指导》自编教材的基础上，组织有关高校从事相关课程教学的教师，参阅有关资料和书籍，结合产、学、研实际和学科前沿发展及多年来的教学实践，通过精选实验内容，并进行优化组合、更新和补充，编写成此书。全书在内容的安排上，按照先基础后综合设计再应用等实验、实训的先后顺序，分为四大部分：第一部分为基础性实验，包括11个实验项目，第二部分为综合性实验，包括8个实验项目，第三部分为设计性实验，包括3个实验项目，第四部分为实训，包括5个实训项目。

本书可作为水产院校水产养殖学、水族科学与技术专业本科生的水产动物疾病学、水族疾病防治学等课程的实验、实训教材，也可作为水产院校水产养殖、水族科学与技术专业相关教师、研究生以及水产科研、渔业生产等单位技术人员的参考用书。

本书在编写过程中参考或引用了相关文献资料、书籍和图片，限于篇幅的原因，未能一一列出，在此，对这些参考文献的作者和出版单位表示衷心的感谢！本书在成稿过程中得到了各位参编人员的大力支持和鼎力协助，他们付出了大量艰辛的劳动，有关同行专家提出了很好的修改意见，同时，审稿者也付出了很多宝贵的休息时间，在此表示衷心感谢！此外，本书从策划、编写、修订到出版得到了西南大学出版社的大力支持，在此也一并表示诚挚的谢意！由于时间仓促，水平有限，书中不妥与错误之处在所难免，敬请专家和读者批评指正。

编者 唐毅
2022年3月

目 录
CONTENTS

概述 …………………………………………………………… 1

第一部分　基础性实验 ……………………………… 3

实验1　水产动物疾病的常规检查方法 ………………………… 3

实验2　常用渔药的识别与质量鉴别 …………………………… 13

实验3　水产动物常见真菌和藻类性疾病病变标本与病原体的观察 … 23

实验4　水产动物常见病毒性疾病病变标本与病原体的观察 …… 29

实验5　水产动物常见细菌性疾病病变标本与病原体的观察 …… 39

实验6　水产动物常见鞭毛虫病病变标本与病原体的观察 ……… 48

实验7　水产动物常见孢子虫病病变标本与病原体的观察 ……… 55

实验8　水产动物常见纤毛虫病病变标本与病原体的观察 ……… 70

实验9　鱼类常见单殖吸虫病和复殖吸虫病病变标本与病原体的观察 …………………………………………………………… 81

实验10　鱼类常见绦虫病、线虫病和棘头虫病病变标本与病原体的观察 ……………………………………………………… 93

实验11　水产动物常见寄生甲壳类和软体动物类寄生虫病病变标本与病原体的观察 ……………………………………… 105

第二部分　综合性实验……115

实验1　水产动物病原菌的分离纯化与鉴定……115
实验2　渔用疫苗的制备及其应用……120
实验3　双向琼脂扩散实验的抗原鉴别及抗体效价测定……123
实验4　渔用疫苗应用效果的评价……126
实验5　不同方法测定渔用氯制消毒剂有效氯含量的效果评价……129
实验6　水产动物病理学切片的观察……132
实验7　水产抗菌药物敏感性测定……137
实验8　水产动物细菌性疾病的人工感染实验……141

第三部分　设计性实验……145

实验1　渔药对鱼类的急性毒性实验……145
实验2　药物剂量与药物作用的关系……148
实验3　不同给药方式对水产动物药效的效果评价……152

第四部分 实训 ·······155

实训1 水产动物疾病临床综合检查与诊断技术·······155
实训2 水产动物传染性流行病学调查·······161
实训3 水产动物寄生虫病流行病学调查实训·······166
实训4 水产动物疾病防治外用药物给药方法实训·······171
实训5 水产动物疾病防治内用药物给药方法实训·······177

附录 ·······185

附录一 常用培养基的制备·······185
附录二 常用鱼病学制片方法、常见染色方法·······193

参考文献 ·······197

概述

本教材由基础性实验、综合性实验、设计性实验和实训四大部分共22个实验、5个实训组成。其中,基础性实验包括水产动物疾病的常规检查方法,常用渔药的识别与质量鉴别,水产动物常见真菌和藻类性疾病病变标本与病原体的观察,水产动物常见病毒性疾病病变标本与病原体的观察,水产动物常见细菌性疾病病变标本与病原体的观察,水产动物常见鞭毛虫病病变标本与病原体的观察,水产动物常见孢子虫病病变标本与病原体的观察,水产动物常见纤毛虫病病变标本与病原体的观察,鱼类常见单殖吸虫病和复殖吸虫病病变标本与病原体的观察,鱼类常见绦虫病、线虫病和棘头虫病病变标本与病原体的观察,水产动物常见寄生甲壳类和软体动物类寄生虫病病变标本与病原体的观察等11个实验。综合性实验包括水产动物病原菌的分离纯化与鉴定、渔用疫苗的制备及其应用、双向琼脂扩散实验的抗原鉴别及抗体效价测定、渔用疫苗应用效果的评价、不同方法测定渔用氯制消毒剂有效氯含量的效果评价、水产动物病理学切片的观察、水产抗菌药物敏感性测定、水产动物细菌性疾病的人工感染实验等8个实验。设计性实验包括渔药对鱼类的急性毒性实验、药物剂量与药物作用的关系、不同给药方式对水产动物药效的效果评价等3个实验。实训包括水产动物疾病临床综合检查与诊断技术、水产动物传染性流行病学调查、水产动物寄生虫病流行病学调查实训、水产动物疾病防治外用药物给药方法实训、水产动物疾病防治内用药物给药方法实训等5个实训。在教学过程中,根据教学大纲和实验、实训条件,任课教师可以选择其中单个实验、实训项目进行教学,也可以选择2个及其以上的项目组成一个大的实验、实训课题进行授课。

本教材较为详细地介绍了水产动物疾病学实验与实训的基本原理、实验方法、实验拓展、实训任务、实训方案等,通过对本书相关知识的学习、理解,可为水产养殖学、水族科学与技术等水产类专业学生牢固掌握水产动物常见疾病的临床检查诊断和防治方法、开展水产动物疾病相关研究、培养学生团队意识、沟通协作能力和科学创新精神以及从事专业领域的技术研发与管理工作能力等奠定良好基础。

第一部分 基础性实验

实验1

水产动物疾病的常规检查方法

在渔业生产中开展水产动物疾病防治是一项基本工作,而实施有效防治疾病的前提,是把握好水产动物疾病检查工作中的注意事项、技术手段和检查步骤等,只有把握好这些基本环节,方能正确掌握水产动物疾病的常规检查方法与诊断技术。

【实验目的】

1. 鉴别患病水产动物疾病的主要症状,认识相关病原,为快速诊断疾病打下基础。
2. 掌握水产动物有关组织水浸片的制作方法。
3. 掌握水产动物疾病的常规检查方法,为水产动物疾病的正确诊断与防治打下基础。

【实验原理】

1. 水产动物疾病的常规检查与诊断

水产动物疾病的常规检查与诊断,通常按从头到尾、先体外后体内的顺序并常采用目检与镜检相结合的方法进行。

(1)目检。

所谓目检也称肉眼检查,就是用肉眼对患病个体的各个部位直接进行观察,是一种简便而有效的检查方法,是初步诊断水产动物疾病最主要的检测方法之一。此法仅局限于诊断具有明显症状以及由大型病原生物引起的疾病。这种方法尤其在生产实践中,对常见病的诊断起着重要作用。

肉眼检查通常可观察到水产动物机体的体形、体色、体表、口腔、鼻孔、眼球、肛门、鳞片或甲壳、鳍(附肢)或四肢、头颈部、背腹甲、鳃、腹部、腹腔(体腔)、内脏器官等有无异常,能识别出致病性真菌、蠕虫和甲壳动物等大型病原生物,同时根据所观察到的典型症状也可对某些病毒病和细菌病以及某些原生动物病(简称原虫病)做出初步诊断。如观察到患病对象体表形成灰白色如棉絮状的覆盖物,表明患有水霉病;观察到水产动物出现腹部膨胀、肛门红肿、肠道充血等症状,通常患有肠炎病;观察到鱼的体表、鳃上黏液增多,通常是由车轮虫、小瓜虫、斜管虫等引起的寄生虫病的共同特征;观察到鱼的鳃丝出现缺损或者腐烂并附带污泥等,显示患有细菌性烂鳃病;若鱼的肠腔内出现白色面条状的虫体,这是由绦虫寄生于肠道引起的绦虫病;等等。

目检主要以症状为主,因此观察水产动物疾病临床症状的表现及其变化尤为重要,同时还需注意同一种疾病可能有几种不同的症状,而同一种症状也可能出现在几种不同的疾病中。在临床上,对水产动物病毒性和细菌性疾病,主要是通过肉眼检查患病水产动物所表现出的明显症状来进行初步诊断;对致病性小型原生动物(原虫)引起的水产动物疾病,通常需借助显微镜检查才能做出诊断。

(2)镜检。

所谓镜检也称显微镜检查,就是对病变标本或病原体取样、制片,在显微镜或解剖镜下进行观察的方法,是一种根据目检尚不能确诊而需借助显微镜做进一步全面检查然后再分析、判断的方法。

镜检法包括载玻片法和玻片压展法。

①载玻片法。

该法适用于低倍或高倍显微镜检查。即用解剖剪、镊子取下小块待检组织或小滴内含物置于干净的载玻片上,滴加适量清水或生理盐水,盖上干净的盖玻片,轻压后先放在低倍镜下检查,发现寄生虫或可疑病变后,再换到高倍镜下仔细检查。

②玻片压展法。

该法适用于解剖镜或低倍显微镜下检查。即用解剖剪、镊子取出病变器官、组织的一部分(鳃组织一般不宜采用此方法检查,因为其经过压展后不易找到和取出病原体),或用解剖刀刮取体表黏液,或用镊子取出肠管内含物,或取出要检查的幼苗等,放在一载玻片上,滴加适量清水或生理盐水(体外器官或黏液用清水,体内器官、组织或内含物用0.65%的生理盐水),再用另一载玻片将其压成透明的薄层,然后置于解剖镜或低倍显微镜下进行仔细检查。

2. 病原体的计数标准

发病轻重程度与病原体数量多少直接相关。因此诊断疾病不但要确认病原体的种类,还应弄清病原体的大致数量,或对患病对象的感染强度。只有病原体达到足够的数量或感染达到一定的强度时,才会引起疾病的发生。

计数大型病原体一般比较方便,但计数小型病原体如原生动物就有很大困难,即使借助显微镜也难以甚至不可能将病原体逐个计数清楚,因此目前只能采用估计法进行处理。采用同一标准进行估计计数,其结果不一定十分准确,但可相对表明疾病的危害程度,为及时采取相应的防治措施提供参考。

(1)病原体计数符号。

用"+"表示病原体数量。"+"表示有,"++"表示多,"+++"表示很多。

(2)病原体的计数。

①传染性疾病。

用文字描述该类疾病的症状并按病状的严重程度分为:"+"表示轻微、"++"表示较重、"+++"表示严重。

②鞭毛虫、变形虫、孢子虫。

在高倍显微镜下1个视野中有1~20个虫体或孢子时记为"+";有21~50个时记为"++";有51个及以上时记为"+++"。

③纤毛虫、毛管虫。

在低倍显微镜下1个视野中有1~20个虫体时记为"+";有21~50个虫体时记为"++";有51个及以上虫体时记为"+++";小瓜虫孢囊的计数需用文字说明。

④吸虫、线虫、绦虫、棘头虫、水蛭、甲壳动物、软体动物的幼虫。

虫体在50个及以下的均以数字说明,50个以上的则说明估计数字或者部分器官中的虫体数。例如,一片鳃、一段肠道中的虫体数(注:在物镜为10×的低倍显微镜下计数,虫体数量为同一载玻片上观察3个视野的平均数)。

3. 水产动物待检样本的编号

在对水产动物疾病进行检查时,通常要对每一待检的标本标定一个号码,并记录在表(或记录本)上,编号的方法一般用双号码,即用两个数字表示。例如:编号10-3中,数字"10"表示已解剖了各种水产动物的总数,数字"3"表示已经解剖了某种水产动物的个数。当第一尾解剖的是草鱼,编号为1-1;第二尾解剖的是青鱼,编号为2-1;第三尾解剖的是草鱼,编号为3-2;第四尾解剖的是鲢鱼,编号为4-1;以此类推。如果检查几个不同地区的水产动物疾病,则需在编号前加上一个地名的简号。例如,检查的水产动物来自浙江菱湖,可编号为"菱10-3"。

【实验用品】

1. 材料

活的或刚死的病鱼。

2. 器具

显微镜、解剖镜、解剖盘、解剖剪、骨剪、解剖刀、解剖针、镊子、载玻片、盖玻片、胶头吸管、吸水纸等。

3. 试剂

蒸馏水、0.65%生理盐水等。

【实验方法】

1. 待检组织水浸片的制作与观察

采用镜检法检查水产动物疾病时,通常需制作水浸片。

操作步骤:准备一干净的载玻片,将从患病体上取下的一小块待检组织置于载玻片中央并滴加适量蒸馏水(淡水鱼用淡水,海水鱼用海水,检查内脏组织器官选用生理盐水)。再用镊子轻取一干净的盖玻片,将其一边与载玻片接触并倾斜成45°左右角度轻盖在待检组织上。用镊子柄轻压盖玻片(盖玻片与载玻片间不得产生气泡)。若盖玻片周边出现过多水,可用吸水纸吸去。

将制作好的水浸片置于显微镜载物台上,先选择低倍镜观察,必要时再选择高倍镜观察。

2. 患病鱼体检查

对待检鱼体先进行编号、拍照、种类鉴定,测量其体重、全长、体长和体高,必要时鉴定其性别和年龄,记录下病鱼的来源与检查时间。最后对患病鱼体进行常规检查,并按照从头到尾、先体外后体内、先目检后镜检的顺序进行检查。

(1)目检。

对患病个体进行目检的重点部位是体表、鳃和内脏。

①体表。

检查鱼体外部的器官组织。将患病鱼放在一干净的解剖盘中,依次仔细观察其头部、嘴(口腔)、眼、鼻孔、鳃盖、鳞片、鳍等部位。检查的主要内容包括:患病鱼体形是否畸形、瘦弱、异常肥硕;体色是否正常;体表黏液是否过多;嘴及上下颌是否充血发炎、溃烂,口腔中有无锚头鳋等大型寄生虫寄生;眼球是否外突、浑浊或白浊、出血或充血;鳃盖是否充血、穿孔;鳞片是否脱落或隆起;鳍是否蛀蚀、溃烂、充血;肛门是否红肿外突;体表是否长霉菌,是否有充血、出血、擦伤或溃烂,是否有大型寄生物(如锚头鳋、鲺、鱼蛭、孢子虫孢囊、小瓜虫孢囊等)寄生等。

如患病鱼体变弯曲,可能属营养不良或有机磷、重金属中毒所致;体表长有灰白色似棉絮状物则患有水霉病;鱼体腹部膨大、腹腔积水、两侧伴有红斑、肛门红肿外突则为细菌性肠炎病;鱼体两侧局部或大部充血发炎、鳞片脱落、鳍基或整个鳍充血、鳍末端腐烂则多为细菌性赤皮病;病鱼口腔、上下颌、鳃盖、眼、鳍基及鱼体两侧充血或出血等则多为细菌性败血症;病鱼躯干两侧尤其是肛门附近两侧出现红斑,或表皮乃至肌肉腐烂呈印章状则为打印病;鱼体尾柄部甚至自背鳍基部后面的整个体表发白则为白皮病;鱼体前部或全身鳞片竖立、鳞囊水肿、鳍基和皮肤轻微充血、眼球外突、腹部膨大、腹腔积水则为竖鳞病;病鱼口周发白,严重者口周皮肤糜烂、出现絮状物,在池水中更加明显则为白头白嘴病;鱼体表、鳍等处出现大量小白点并伴有黏液增多,甚至蛀鳍、瞎眼则为小瓜虫病;鱼体鳞下、肌肉、口腔等处有针状虫体寄生,寄生处周围组织充血发炎则为锚头鳋病;患病鱼体表黏液增多并出现与其体色相近呈椭圆形的虫体则多为鲺病。

②鳃。

检查的重点是鳃丝。先观察鳃盖是否张开,鳃盖中央表皮有没有腐烂或变成透明现象。然后剪去鳃盖,观察鳃的颜色是否正常,黏液是否增多,有无充血、发白、肿胀、腐烂现象,鳃上是否夹杂淤泥,有无肉眼可见的白色孢囊及大型的寄生虫等。

如病鱼鳃盖张开,鳃丝肿胀、颜色变暗淡或苍白、贫血并附有大量黏液则多为指环虫病;病鱼鳃上黏液增多、呈现斑点状瘀血,鳃片边缘变成灰白色,尤其稚鱼期更明显则多为三代虫病;鳃盖中央腐烂或出现"开天窗",鳃丝特别是其末端腐烂、黏液增多,鳃瓣上带有污泥和其他碎屑杂物则为细菌性烂鳃病;鳃片出现缺血或斑点状出血、瘀血,呈现花鳃,严重者高度贫血导致鳃呈青灰色则多为鳃霉病;病鱼鳃部肿胀、黏液增多,鳃丝末端挂有似蝇蛆一样的白色小虫则为中华鳋病;病鱼鳃上出现白色孢囊则多为黏孢子虫病;目检后详细记录下两侧鳃的观察结果。

③内脏。

检查的重点是肠道。首先,用剪刀从肛门插入并向左上方剪至侧线再沿侧线剪至鳃盖后缘,折向下剪至胸鳍基部,将该侧肌肉翻下,即可露出整个内脏。观察腹腔内有无积水和肉眼能见的大型寄生虫;观察内脏的颜色、形态和外表是否正常。其次,用剪刀把靠咽喉处的前肠和邻肛门处的后肠剪断,取出内脏置于白色搪瓷盘中并逐一将肝、胆、脾、肾、鳔等器官分开,依次进行检查。仔细观察内脏的颜色是否正常,其表面有无白点、溃烂、充血、出血等症状。最后,清除肠外壁脂肪组织,去掉肠内食物残渣和粪便,剪开肠管,进行仔细观察。

如病鱼肠道充血、出血,肠内无实物或有浓稠黏液,肠道韧性较好不易拉断则常为病毒性出血病;肠道充血发炎、韧性差易拉断,肠内伴有大量黄色浓稠黏液则常为细菌性肠炎病;病鱼前肠变粗大,肠内壁附有许多结节状小白点则多为球虫病或黏孢子虫病;前肠异常膨大成胃囊状,剪开可见白色带状虫体则多为头槽绦虫病。

(2)镜检。

在对水产动物寄生虫疾病的常规诊断中,肉眼检查通常仅能辨别外观症状较明显或由较大寄生虫所引起的疾病,而对由原生动物等小型寄生虫所引起的疾病却不便甚至无法诊断。此时则需要借助显微镜检查来加以诊断。镜检各器官的检查顺序和重点检查部位与目检相同。镜检顺序通常为:黏液、鳍、鼻腔、血液、鳃、口腔、腹腔、脂肪组织、胃肠、肝脏、脾、胆囊、心脏、鳔、肾脏、膀胱、性腺、眼、脑、脊髓、肌肉。

①黏液。

用解剖刀或镊子刮取病鱼体表少许黏液制成水浸片,置于显微镜下检查。在病鱼体表通常可见车轮虫、小瓜虫、斜管虫、黏孢子虫、颤动隐鞭虫、鱼波豆虫、钩介幼虫等。

②鳍。

用剪刀剪取少许鳍制成水浸片,置于显微镜下观察。在病鱼鳍上通常可见车轮虫、小瓜虫和其他固着类纤毛虫等。

③鼻腔。

用小镊子或微吸管从鼻孔里取少许内含物制成水浸片后在显微镜下观察,随后用吸管吸取少量清水注入鼻孔,再多次将鼻孔内的液体吸出,放在培养皿里用低倍显微镜或解剖镜观察。鼻孔里通常可见车轮虫、黏孢子虫、指环虫等寄生虫。

④血液。

检查血液时,可从鳃动脉、心脏和尾动脉取血,根据不同要求采取不同的方法。

从鳃动脉取血:用剪刀剪去一边鳃盖,左手用镊子掀起鳃瓣,右手用微吸管插入鳃动脉或腹大动脉吸取血液。如果吸取的血液量少,可直接滴于载玻片上,盖上盖玻片或制成血推片后在显微镜下观察。如果吸取的血液量多,可把血液吸出放在玻璃皿里,然后吸取一小滴制片后在显微镜下观察。

从心脏取血:去掉鱼体头部腹面两鳃盖之间最狭处的鳞片,用尖的微吸管或医用注射器(针头要粗,否则会因血液凝固而不易抽出)插入心脏,吸取血液,制成血推片后置于显微镜下观察。

从尾动脉取血:用尖的微吸管(或医用注射器)在鱼臀鳍基部或尾柄腹面几乎与鱼体主轴垂直进针,碰到脊椎后微偏可插入尾静脉,即可吸取血液。

用载玻片制成血推片,或置于培养皿中用0.65%生理盐水稀释的血液样本,分别用显微镜和解剖镜进行检查。吸取的血液直接制片后在显微镜下检查常见的寄生虫有锥体虫,经稀释后在解剖镜下观察可见线虫或血居吸虫等比较大的寄生虫。

⑤鳃。

用小剪刀剪取少许鳃组织制成水浸片后置于显微镜下检查。水浸片检查完毕后,再将整个鳃放在一大块玻片上,滴加适量清水,在解剖镜或最低倍显微镜下用两根解剖针逐一拨开鳃丝仔细观察。或用镊子把每片鳃组织上的附着物全部刮下置于培养皿中,加入适量清水稀释均匀后在解剖镜或低倍显微镜下检查。

鳃上常见的病原微生物有:致病细菌、水霉菌和鳃霉菌等;常见的寄生虫有:车轮虫、小瓜虫、斜管虫、黏孢子虫、隐鞭虫、鱼波豆虫、指环虫、三代虫等。

⑥口腔。

先用肉眼仔细观察病鱼上下腭,再用解剖刀或镊子刮取上下腭少许黏液,制成水浸片放在显微镜下检查。

口腔常见的寄生虫有吸虫的大孢囊(如扁弯口吸虫的囊蚴)、鱼蛭、锚头鳋、鲺、车轮虫等。

⑦腹腔。

剖开腹腔(方法参照目检),观察有无可疑病象,主要注意有无腹腔液(腹水)、腹腔壁、肠壁、脂肪组织、肝脏、胆囊、脾、鳔等有无寄生虫。如发现腹腔壁有小白点,用解剖刀刮下压片镜检;如有腹水,用吸管吸出,置于培养皿里,用最低倍显微镜或解剖镜检查。

腹腔内常见的寄生虫有黏孢子虫、微孢子虫,以及线虫与绦虫的成虫和囊蚴等。

⑧脂肪组织。

先肉眼观察胃肠外壁的脂肪组织,如发现有小白点,可用镊子取出,放在载玻片上并盖上盖玻片,用力轻压致破后在显微镜下检查。同时还可用压展法把脂肪组织压成薄层,在解剖镜下检查。

脂肪组织上常见的寄生虫主要有黏孢子虫、微孢子虫。

⑨胃肠。

先用肉眼检查病鱼肠管外壁,如发现有许多小白点,即用解剖刀刮取压片镜检。然后把肠置于解剖盘并使其前后伸直,分别在肠道的前、中、后段上各剪开一小口,用镊子从切口取出少许内含物放于载玻片上,滴加生理盐水,盖上盖玻片,在显微镜下检查;或把肠的内含物全刮下置于培养皿里,加入生理盐水稀释并搅匀,在解剖镜下检查。肠内含物检查完毕后,左手用镊子夹住肠,右手用剪刀从后向前剪开整条肠道,肉眼观察,如发现肠内壁上有小白点,同样刮取下压片镜检。

胃肠部常见的病原微生物主要是细菌,常见的寄生虫主要是鞭毛虫、变形虫、肠袋虫、黏孢子虫、微孢子虫、球虫、纤毛虫等原生动物,以及复殖吸虫、线虫、绦虫、棘头虫等蠕虫。原虫通常寄生在前肠(胃)或中肠部位,蠕虫通常寄生在后肠部位。

⑩肝脏。

用镊子从肝上取少许组织制成水浸片后在低倍镜和高倍镜下检查。

肝脏上常见的寄生虫主要有黏孢子虫、微孢子虫的孢子或孢囊,有时也可发现吸虫的囊蚴。

⑪脾。

脾的检查方法与肝的检查方法相同。寄生于脾的常见寄生虫主要有黏孢子虫的孢子或孢囊,有时也可发现吸虫的囊蚴。

⑫胆囊。

取出胆囊放入培养皿中,用剪刀剪破胆囊放出胆汁,剪取一小块胆壁置于载玻片上,盖上盖玻片,压平后镜检。另用胶头吸管吸取少许胆汁,制片后单独镜检。胆囊壁和胆汁,除用载玻片法进行镜检外,同时还需用玻片压展法或放在培养皿里用解剖镜或低倍显微镜检查。

胆囊部位常见的寄生虫主要有:六前鞭毛虫、黏孢子虫、微孢子虫、复殖吸虫和绦虫幼虫等。

⑬心脏。

用剪刀剪开围心腔,取出心脏,置于盛有生理盐水的培养皿中。剪开心脏,用小镊子取一滴内含物置于载玻片上,滴加生理盐水后盖上盖玻片,在显微镜下检查。同时也可用压展法进行检查。

寄生于心脏的常见寄生虫主要有:锥体虫和黏孢子虫。

⑭鳔。

将鳔取出置于解剖盘中并用剪刀剪开,再用镊子剥取鳔的内、外壁薄膜,放在载玻片上展平,滴加少许生理盐水后置于显微镜下镜检,同时用玻片压展法检查整个鳔。

寄生于鳔上的常见寄生虫主要有:复殖吸虫、线虫、黏孢子虫的孢子和孢囊。

⑮肾脏。

用镊子大头端完整拨取贴于脊柱下面的肾脏,分前、中、后三部分各检查两片,镜检方法同肝脏、脾。

寄生于肾脏常见的寄生虫主要有:黏孢子虫、球虫、微孢子虫、锥体虫,以及复殖吸虫与线虫的幼虫。

⑯膀胱。

剪下膀胱附近的肌肉后完整地取出膀胱(没有膀胱的鱼则取出输尿管),放在玻片上,用小剪刀把它们剪开,采用显微镜或解剖镜分别检查它们的内含物和膜壁。

寄生于膀胱(输尿管)常见的寄生虫主要有:六前鞭毛虫、黏孢子虫和复殖吸虫等。

⑰性腺。

取出左、右两个性腺,先肉眼检查,如发现有小白点可刮取后压片镜检。

寄生于性腺常见的寄生虫主要有:微孢子虫、黏孢子虫、球虫、复殖吸虫囊蚴、绦虫双槽蚴和线虫等。

⑱眼。

用弯头镊子或眼科剪从眼窝里挖出眼睛,放在玻璃皿或玻片上,剖开巩膜,放出玻璃体和水晶状体,在低倍显微镜或解剖镜下检查。

寄生于病鱼眼睛各部分常见的寄生虫主要有：吸虫幼虫、黏孢子虫。

⑲脑。

用剪刀先在脑颅背后方横剪一切口，再用剪刀插入切口，剪掉脑颅背面骨片，有淡灰色泡沫状油脂物质。用吸管将其完全吸出（放在玻璃皿里以备检查），即露出灰白色的脑，用剪刀把脑完整取出，检查方法同肝脏、脾。

寄生于病鱼脑部常见的寄生虫主要有：黏孢子虫、复殖吸虫的孢囊和尾蚴。

⑳脊髓。

用解剖刀剖开病鱼头后躯干部前端与尾部两侧肌肉，再用骨剪将头部与躯干交接处以及躯干与尾部交接处的脊椎骨剪断，用镊子从前端的断口插入脊髓腔夹住脊髓，慢慢将其整条拉出来，然后按检查肠、肾一样，分前、中、后三部分检查。

寄生于病鱼脊髓常见的寄生虫主要有：黏孢子虫、复殖吸虫的幼虫。

㉑肌肉。

用解剖刀沿鱼体头部后方背正中线的皮肤划开一切口，再用镊子把头部后方左侧皮肤从前向后剥去，即可露出肌肉。从前、中、后三部分各取一小片肌肉，制成水浸片放在显微镜下检查，再用玻片压展法检查。

寄生于病鱼肌肉常见的微生物主要有：赤皮病和疖疮病的细菌；常见的寄生虫主要有：黏孢子虫以及复殖吸虫、绦虫和线虫的幼虫。

【注意事项】

1.选用活的或刚死亡的患病水产动物进行疾病的检查诊断。

2.用作疾病检查的患病水产动物，取样时要保持其体表湿润，一般放在盛有原池塘水的水桶里或用湿布包着。

3.解剖用具须严格清洗、消毒，防止交叉感染和相互污染。

4.对解剖分离的器官应保持其完整性，用湿布覆盖其表面以免干燥，并分开放置，以防止各器官间病原体的相互污染而影响对疾病的正确诊断。

5.吸取鱼血时吸管千万别与鳃瓣接触，否则寄生在鳃上的病原体将会带到血液里，使病原体寄生部位发生混乱。

6.镜检肠内含物或肠壁黏液之前，应尽量清除肠外壁上所有的脂肪组织，以免干扰观察。

7.检查时，应按照一定的程序进行，并按要求写明标签。

8.根据患病症状无法做出疾病诊断或对病原体无法辨认的，应及时保存病样标本，以备日后做进一步检查。

【思考题】

1. 简述水产动物疾病的基本检查方法。
2. 检查鱼病时,应按怎样的顺序进行?包括检查哪些部位?重点是什么?
3. 病鱼检查中应注意哪些事项?为什么?

【拓展文献】

1. 鲁义善.鱼病诊断时剖检有多难?讲完怕吓到你[J].当代水产,2017,42(11):89.
2. 张正谦.一线渔医显微镜检查寄生虫的实战心得[J].当代水产,2018,43(4):84.
3. 陈昌福.正确诊断养殖鱼类疾病的方法与程序[J].渔业致富指南,2020(13):59-62.

实验 2
常用渔药的识别与质量鉴别

在水产动物养殖过程中,疾病防治是非常重要的生产环节,渔药是该环节必不可少的物质基础,其质量是影响水产动物疾病防治效果的重要因素。因此,掌握常用渔药的种类识别及其质量鉴别,是水产从业人员尤其是水产技术人员应具备的基本知识和基本技能。

【实验目的】

1. 识别水产动物疾病防治中常用渔药的种类,了解并掌握其理化特性。
2. 掌握肉眼鉴别常用渔药质量的基本方法。

【实验原理】

药物是人类用以预防、治疗与诊断疾病以及协助机体器官恢复正常生理功能、细胞代谢活动的物质。渔药作为药物中的一个类别,是指专门用于渔业方面为确保水产动植物机体健康成长的药物。从更广泛的意义上讲,渔药是指为提高增养殖渔业产量,用以预防、控制与治疗水产动植物病虫害,促进水产养殖品种健康生长和增强机体抗病力以及改善养殖水环境质量的所有物质,分为水产植物药与水产动物药,可简称为水产药。但当前渔药通常是按照使用的最终目的进行分类,主要分为:消毒剂、抗微生物药物、杀虫驱虫药、代谢改善与强壮药、中草药、环境改良剂。

根据水产药物的抗病抗菌谱系,按照"防重于治、对症治疗、联合用药、适度剂量、合理疗程"科学合理的原则,选用高效低毒、安全环保渔药,充分考虑影响药效的主要因素和药物代谢动力学特点,随时查看相关水域养殖群体动态,及时调整用药种类及剂量。及时学习国家出台的水产药物使用的相关政策,掌握水生食品动物禁止使用的药品及其他化合物种类,严格按照国家标准科学使用已批准的水产用兽药(渔药)。

渔药质量的肉眼鉴别一般包括:检查产品包装,检查注册商标,查看产品的生产许可证、批准文号和生产批号,查看渔药主要成分,目测渔药外观质量,注意一药多名的辨别,注意渔药生产企业是否通过兽药GMP认证等。

【实验用品】

1. 材料

生石灰、氯化钠、福尔马林、漂白粉、漂粉精、三氯异氰脲酸、溴氯海因、聚维酮碘、碘、二氧化氯、高锰酸钾、晶体敌百虫、硫酸铜、硫酸亚铁、溴氰菊酯、大蒜、沸石粉、过碳酸钠、光合细菌、枯草芽孢杆菌、抗生素类、磺胺类、喹诺酮类等。

2. 器具

胶头滴管、药勺、镊子、载玻片、盖玻片、量筒、烧杯、天平等。

3. 试剂

蒸馏水、0.65%生理盐水、乙醇、pH试纸等。

【实验方法】

1. 渔药种类的识别

(1)消毒剂与环境改良剂。

消毒剂是指能迅速杀灭病原微生物(包括致病的原生动物)所使用的药物。不同的病原微生物对消毒剂敏感性不同(如病毒对酚类消毒剂耐药,但对碱类消毒剂敏感),应根据使用目的、药物特性来选择不同的消毒剂。环境改良剂是指改善水产养殖动物的生活环境而使用的制剂,包括底质改良剂、水质改良剂等。

①漂白粉。

漂白粉又名含氯石灰,为白色或灰白色粉末或颗粒,有氯臭味;主要成分为次氯酸钙,有效氯含量为25%~30%;不稳定,在空气中容易吸收水分和二氧化碳而缓慢分解,特别在阳光、热和潮湿的环境下更易分解失效;溶于水后的水溶液呈碱性,在乙醇中可部分溶解。

②漂粉精。

漂粉精又名高效漂白粉,为白色或略带微灰色粉末或颗粒;有强烈氯臭;主要成分为次氯酸钙,有效氯含量为60%~65%;较稳定,无吸湿性;易溶于冷水,在热水和乙醇中分解。

③三氯异氰脲酸。

三氯异氰脲酸简称TCCA,又名强氯精、鱼安,为白色粉末或颗粒状固体;具强烈的氯臭味;有效氯含量在80%以上;微溶于水,在水中释放游离氯,水溶液显酸性(1%水溶液pH值:2.7~3.3)。

④溴氯海因。

溴氯海因为白色或淡黄色粉末;具次氯酸的刺激性气味;易吸潮,微溶于水。

⑤福尔马林。

福尔马林为含37%~40%甲醛的水溶液,无色澄清液体;有强烈的刺激性气味,能与水、乙醇或乙醚任意混合,水溶液呈弱酸性;易挥发,具易燃性及腐蚀性;在9 ℃以下容易发生聚合反应而变浑浊或沉淀。

⑥苯扎溴铵。

苯扎溴铵在常温下为黄色胶状体;低温时可能变浑浊,或沉淀,或逐渐形成蜡状固体;具芳香味,味极苦;易溶于水,水溶液呈碱性;微溶于乙醇、丙酮,不溶于乙醚或苯中;水溶液搅拌时能产生大量泡沫;性质稳定;耐光,耐热,无挥发性,可长期存放。

⑦碘。

碘为蓝黑色或紫黑色带有金属光泽的片状结晶或颗粒;有特殊臭味;常温下易挥发,成紫色碘蒸气,应密闭保存(最好保存在冰箱中);微溶于水,水溶液显酸性,易溶于乙醇、乙醚等有机溶剂;有毒性和腐蚀性。

⑧聚维酮碘。

常温下聚维酮碘为黄棕色至红棕色粉末;易溶于水或乙醇,水溶液呈酸性,不溶于乙醚、氯仿、丙酮、乙烷及四氯化碳;性质稳定,微臭,无腐蚀性。

⑨二氧化氯。

二氧化氯在常温下为淡黄色气体,具有与氯相似的刺激性臭味;可溶于硫酸和碱液中,易溶于水,水溶液呈中性,但遇热水则分解成次氯酸、氯气和氧气;液态或气态的二氧化氯不稳定,易挥发,易爆炸,腐蚀性极强。可将其制成无色、无臭、无味、无腐蚀性且不挥发、不易分解的稳定性二氧化氯溶液,可进一步制得溶解性好的稳定性固态二氧化氯。

⑩生石灰。

生石灰为白色或灰白色块状或颗粒;无臭;对湿敏感,水溶液呈强碱性;在空气中易吸收水分而逐渐变成碳酸钙而失效。

⑪氯化钠。

氯化钠为白色结晶状粉末;无臭;味咸;易溶于水,水溶液显中性。

⑫高锰酸钾。

高锰酸钾为深紫色细长结晶;带蓝色金属光泽;无臭;易溶于水和碱液,微溶于甲醇、丙酮、硫酸,水溶液呈玫瑰色,是一种不稳定的强氧化剂。

⑬过氧化氢溶液。

过氧化氢溶液为无色透明水溶液;无臭,或有类似臭氧的臭气;味微苦;性质不稳定,遇氧化物或还原物即迅速分解产生泡沫;见光易分解变质,久放易失效。

⑭沸石粉。

沸石粉为多孔隙颗粒;白色或粉红色、红色、棕色;有玻璃或丝绢样光泽。具有吸附、吸水、可溶、阴阳离子交换以及催化性能;能吸收水中氨、氮、有机物和重金属离子,能降低池底硫化氢毒性,调节pH值,增加水中溶解氧等。

⑮过氧化钙。

过氧化钙为白色或淡黄色粉末或颗粒;无臭,无味;微溶于水,不溶于乙醇和乙醚,可溶于稀酸并生成过氧化氢;常温干燥下稳定,在潮湿空气或水中缓慢分解,在水中能长时间释放氧气;过氧化钙在逐渐沉入水体的过程中,可使水中有机物和悬浮物凝聚,使水质澄清,减少水中氧气消耗等。

⑯过碳酸钠。

过碳酸钠为白色颗粒状结晶或粉末;易溶于水,其水溶液呈碱性;无毒,无臭;具有漂白、杀菌和氧化性;可增加水中溶氧量,改良水质。

⑰光合细菌。

光合细菌是一类在厌氧条件下进行不放氧光合作用的细菌的总称。光合细菌施入水体后,它可降解水体中的残存饲料、鱼类的粪便及其他有机物;同时,还能将异养微生物分解形成的如有机酸、氨、亚硝酸盐、硫化氢以及其他有机污染物质等有害物质作为基质加以利用,从而促进养殖池底有机物的循环,能有效避免固体有机物和有害物质的积累,使水质得到净化。

⑱枯草芽孢杆菌。

枯草芽孢杆菌是芽孢杆菌属的一种,杆状,单个细胞$(0.7 \sim 0.8)\mu m \times (2 \sim 3)\mu m$,染色均匀;无荚膜,鞭毛周生,能运动;该菌可调节肠道菌群,维持微生态生物平衡。用作饲料添加剂或添加进饲料直接投喂,以抑制养殖动物消化道中的大肠杆菌、沙门氏菌的生长和促进乳酸杆菌生长;用于鱼塘的水质净化,它可分解养殖池中的残饵、粪便、有机物及有毒有害物质,包括改善有害藻类(如微囊藻等)泛滥造成的水质浑浊问题,使水质由浑变清。

(2)抗微生物药物。

抗微生物药又名抗感染药物,是指能直接杀灭病原微生物或抑制其繁殖、生长的药物。水产动物疾病防治中常用的抗微生物药主要包括抗病毒药、抗细菌药和抗真菌药等。常用的抗病毒药主要有聚维酮碘和免疫制剂;抗细菌药主要有抗生素、磺胺类药物、喹诺酮类药物等;抗真菌药物主要有甲霜灵,该药为白色结晶体,微溶于水,溶于多种有机溶剂,在常温常压下稳定。

①抗生素类。

抗生素是指由细菌、真菌、放线菌等微生物在生长繁殖过程中产生的一种代谢产物。如今,在水产养殖上常用的抗生素包括四环素类、氨基糖苷类和酰胺醇类。常用种类有如下。

盐酸多西环素:盐酸多西环素又名盐酸强力霉素,属四环素类抗生素,为淡蓝色或黄色结晶性粉末;无臭;味苦;有吸湿性,易溶于水和甲醇,微溶于乙醇和丙酮,不溶于氯仿。

硫酸新霉素:硫酸新霉素属氨基糖苷类抗生素,为白色或类白色粉末;无臭;吸湿性强;易溶于水,几乎不溶于乙醇、乙醚、丙酮和氯仿。

甲砜霉素:甲砜霉素属酰胺醇类抗生素,为白色结晶性粉末;无臭;微苦;对光、热稳定;溶于甲醇,微溶于水、乙醇和丙酮,不溶于乙醚、氯仿和苯。

氟甲砜霉素:氟甲砜霉素又名氟苯尼考,属酰胺醇类抗生素,为白色或类白色结晶性粉末;无臭;在二甲基甲酰胺中极易溶解,在甲醇中溶解,略溶于冰醋酸,微溶于水。

②磺胺类。

磺胺嘧啶:又名磺胺哒嗪,简称SD,为白色或微黄色结晶性粉末;无臭;无味;难溶于水,略溶于乙醇或丙酮;空气中性质稳定,遇光颜色逐渐变深(暗)。

磺胺二甲嘧啶:简称SM_2,为白色或微黄色结晶或粉末;无臭;味微苦;遇光颜色逐渐变深;易溶于稀酸或稀碱溶液,溶于热乙醇,几乎不溶于水和乙醚。

磺胺甲基异噁唑:又名新诺明、新明磺,简称SMZ,为白色结晶性粉末;无臭;味微苦;几乎不溶于水;易溶于稀盐酸、氢氧化钠或氨溶液中。

磺胺间甲氧嘧啶:又名制菌磺、磺胺-6-甲氧嘧啶,简称SMM,为白色结晶性粉末;无臭;无味;遇光色渐变暗;易溶于稀盐酸和氢氧化钠溶液,不溶于水,其钠盐亦为白色结晶性粉末;易溶于水,有苦味。

③喹诺酮类。

氟甲喹:为白色结晶性粉末;无臭;无味;不溶于水,能在乙醇等有机溶剂中互溶;常规情况下性质稳定。

恩诺沙星:又名恩氟奎林羧酸,微黄色或淡黄色结晶性粉末;味苦;不溶于水,易溶于氢氧化钠溶液、甲醇及氰甲烷等有机溶剂。

(3)杀虫驱虫药。

杀虫驱虫药又名抗虫药,是指杀灭或驱除水产动物体内、体外寄生虫以及杀灭水生敌害生物的一类药物。包括抗原虫药、抗蠕虫药和抗寄生甲壳动物药等。

①硫酸铜。

硫酸铜别名叫蓝矾、胆矾,为蓝色结晶性颗粒或粉末;无气味;易溶于水,水溶液呈弱酸性;可潮解,但不影响药效。

②硫酸亚铁。

硫酸亚铁别名绿矾,为淡蓝绿色单斜结晶或颗粒;无臭;味咸、涩;在干燥空气中即风化,在潮湿空气中表面易氧化成棕色的碱式硫酸铁;易溶于水,水溶液为浅绿色,呈中性,不溶于乙醇。

③敌百虫。

敌百虫纯品为白色结晶;具有芳香味;能溶于水,氯仿,不溶于汽油,水溶液呈酸性;性质较稳定。

④甲苯咪唑。

甲苯咪唑别名甲苯达唑,为白色、类白色至淡黄色结晶性粉末;无臭,无味;不溶于水和丙酮、氯仿等有机溶剂,略溶于冰醋酸,而易溶于甲醛、甲酸、乙酸和苦杏仁油。

⑤溴氰菊酯。

溴氰菊酯又名敌杀死;纯品为白色斜方针状晶体;无味;不易挥发;不溶于水,能溶于二甲苯、丙酮、乙醇等有机溶剂;对光、酸、中性溶液及空气较稳定,遇碱会分解。

⑥盐酸氯苯胍。

盐酸氯苯胍为白色或淡黄色结晶性粉末;无臭;味苦;遇光色渐变深;略溶于乙醇和冰醋酸,微溶于氯仿,不溶于水和乙醚。

(4)中草药。

中草药又称天然药物,是指以防治水产动植物疾病或促进养殖对象健康为目的而使用的经加工或未经加工的药用植物(或动物)。具有来源广、功能多样、毒副作用小、耐药性小等多种优势。中草药主要由植物药、动物药和矿物药组成。根据其对病原的作用可分为:抗病毒类中草药、抗细菌类中草药、抗真菌类中草药、抗寄生虫类中草药。

①大黄。

大黄属蓼科多年生草本植物,植株高达2 m;茎直立,中空;叶互生,较大,叶身呈掌状浅裂;叶边缘具有较大的锯齿;花期6~7月,花小呈黄白色,穗状花序;根及根状茎入药,具有抗菌、抗病毒、收敛、增加血小板和促使血液凝固的作用。

②黄芩。

黄芩属唇形科多年生草本植物,植株高30~60 cm,全株稍有毛;根圆形粗壮,断面鲜黄色,茎四棱;基部稍木化;叶对生,披针形;花期6~9月,蓝紫色,总状花序,顶生;小坚果近球形;以根入药,具有解毒止血、抑菌、抗病毒、抗真菌、抗原虫和利胆等作用。

③五倍子。

五倍子为漆树科植物盐肤木、青麸杨或红麸杨等树的叶、小叶或叶柄因受倍蚜科昆虫的寄生而生成的囊状虫瘿。盐肤木又称五倍子树,为落叶小乔木,高2~10 m;奇数羽状复叶,互生,卵状椭圆形;秋季开黄花,圆锥花序,顶生;虫瘿有角倍和杜倍之分,角倍呈不规则囊状,其外具若干瘤状突起或角状分枝,表面有灰白绒毛,杜倍呈纺锤形囊状,其外无突起或分枝,绒毛少;性寒、酸涩;9~10月采收虫瘿,煮死内部寄生虫晒干即可;虫瘿入药,有收敛作用和较强的杀菌能力。

④乌桕。

乌桕别名白蜡树、木子树,为大戟科落叶乔木植物,高约7~15 m;树皮灰黑色;叶互生,菱状或卵形,绿色,秋后变朱红色,叶柄细长;花期6~7月,夏季开黄花,穗状花序;蒴果球形,成熟时黑色,三颗种子外被白色蜡层;性微温,味苦;叶、根皮、树皮入药,具有抑菌、解毒、杀虫等作用。

⑤大蒜。

大蒜是百合科多年生草本植物,鳞茎呈卵形微扁,直径3~4 cm;外皮白色或淡紫红色;内部鳞茎包于中轴,瓣片簇生状,分6~12瓣,瓣片白色肉质,光滑而平坦;底盘呈圆盘状,带有干缩的根须;味辛辣。有效成分为大蒜辣素(大蒜素)及微量的碘,大蒜辣素性质不稳定,遇热和碱易失效,并在室温下存放两日即失效。如今大蒜素可人工合成,主要成分为三硫异丙烯,纯大蒜素为油状液体。鳞茎入药,具有抗菌、抗病毒和杀虫等作用。

⑥穿心莲。

穿心莲是爵床科多年生草本植物,高约50~80 cm。茎方形而有棱,分枝多,节稍膨大;叶对生,深绿色,叶片圆状卵形;茎及叶有苦味;夏秋季开白花,聚伞花序,顶生或腋生;蒴果长椭圆形;性寒,味苦;全草入药,具有清热解毒、消肿止痛和抑菌、抗病毒等作用。

⑦地锦草。

地锦草是大戟科一年生匍匐小草本植物,长约15 cm;茎纤细柔软,近基部二歧分枝,秋季紫红色,无毛,质脆,易折断,折断有白色乳汁,断面黄白色,中空;叶小,对生,长椭圆形,边缘有细齿,背面有毛;叶柄极短或无柄;6~8月开花,聚伞花序生在叶腋和枝腋,花暗红色;全草入药,具有止血、解毒、抑菌和中和细菌毒素的作用。

⑧苦楝。

苦楝是楝科落叶乔木植物,高可达20 m;树皮有暗褐色槽纹;老枝紫色,幼枝有皮孔;叶互生,多为二回羽状复叶,小叶卵形至披针形,边缘有粗齿;夏季开淡紫色花,圆锥花序,果球状成卵圆形,熟时黄色,每室有种子1粒,黑色;药材表面棕色或黄色,具深棕色或黄棕色圆点;味苦、性寒、有毒;苦楝树皮和根皮入药,具有清热燥湿、杀虫和抗真菌的作用。

⑨苦参。

苦参是豆科多年生草本或落叶亚灌木植物,高1~2 m。羽状复叶,托叶披针状线形,茎皮黄色;小叶6~12对,互生或近对生,上面无毛,下面疏被短柔毛或无毛;总状花序顶生,花期6~8月;荚果线形或钝四棱形,果期7~10月;种子间稍缢缩,呈不明显串珠状,成熟后裂成4瓣,种子长卵圆形,稍扁,深红褐色或紫褐色。苦参根入药,具有抗菌、驱虫、健胃的作用。

(5)代谢改善和强壮药。

代谢改善和强壮药是指以改善水产养殖动物机体代谢,增强机体体质,加快病后恢复,促进生长为目的药物。水产动物养殖生产中常用的代谢改善和强壮药主要包括激素、维生素、矿物质和氨基酸等。

维生素根据其溶解性分为水溶性维生素和脂溶性维生素两大类。水溶性维生素溶于水而不溶于有机溶剂,其主要种类有维生素 B_1、B_2、B_3、B_4、B_5、B_6、维生素C等。其中维生素C为白色结晶粉末,味酸;易溶于水,水溶液呈酸性;水溶液不稳定,有强还原性,遇空气、碱、热变质失效。

脂溶性维生素溶于有机溶剂而不溶于水,其主要种类有维生素A、维生素D、维生素E、维生素K四种。

2. 渔药质量的肉眼鉴别

渔药质量的肉眼鉴别一般包括：检查产品包装，检查注册商标，查看产品的生产许可证、批准文号和生产批号，查看渔药主要成分，目测渔药外观质量，注意一药多名的辨别，注意渔药生产企业是否通过兽药GMP认证等。

（1）检查渔药包装。

检查药品包装的目的是看该药品是否符合有关规定。渔药包装应当按照规定印有或者贴有标签，附上说明书，并在内外包装显著位置注明"兽药"字样。

渔药的标签或者说明书，应当以中文注明兽药的通用名称、成分、含量、规格、生产企业、产品批准文号（进口兽药注册证号）、产品批号、生产日期、有效期、适用症状或者功能（主治）、用法用量、休药期、禁忌、不良反应、注意事项、运输与储存保管条件及其他应当说明的内容。有商品名称的，还应当注明商品名称。

（2）检查注册商标。

一个正规的生产企业必须获得工商管理部门颁发的相应产品注册商标，非法生产的假冒伪劣产品通常没有商标或者违规使用没有注册的商标。

渔药产品也不例外，其注册商标（图案、图画、文字等）应标明在渔药的包装、标签、说明书上，并注明"注册商标"字样或者注册标记。

（3）查看"三证"。

查看产品"三证"，包括：生产许可证、批准文号和生产批号。

①生产许可证。

产品生产许可证包括：许可证编号、企业名称、法定代表人、企业负责人、企业类型、注册地址、生产地址、生产范围、发证机关、发证日期、有效期限等项目。

②批准文号。

批准文号简称批号，按产品质量标准生产和达到其他有关标准要求的渔药才能拿到批号，反之则不然。

兽药产品批准文号是按照：兽药类别简称+年号（4位数）+企业所在地省份（自治区、直辖市）序号（2位数）+企业序号（3位数）+兽药品种编号（4位数）的格式进行编制。格式如下。

例：兽药字　　　　2020　　　　01　　　　　　　　001　　　　1001
兽药类别简称　年号　企业所在地省份序号　企业序号　兽药品种编号

兽药类别简称包括兽药添字、兽药生字和兽药字三种。

兽药添字：为药物添加剂的类别简称。

兽药生字：为血清制品、疫苗、诊断制品、微生态制品等的类别简称。

兽药字：为中药材、中成药、化学药品、抗生素、生化药品、放射性药品、外用杀虫剂和消毒剂等的类别简称。

年号:年号即核发产品批准文号时的年份,用4位数阿拉伯数字表示。

企业所在地省份序号:由农业农村局公告,用2位阿拉伯数字表示。

企业序号:按省(自治区、直辖市)排序,由农业农村局公告,用3位阿拉伯数字表示。

兽药品种编号:由农业农村局公告,用4位阿拉伯数字表示。

③生产批号。

兽药生产批号是兽药生产企业对同一批次生产的兽药产品所作的编号。

兽药生产批号一般是由生产时间的年(4位数)、月(2位数)、日(2位数)组成。如2019年6月21日某药厂生产了一批盐酸多西环素,则该批药品的生产批号为20190621。

渔药的有效期是从渔药产品的生产日算起的,由此检查该批渔药的保质期,超过了保质期即为过期失效渔药。

(4)查看渔药主要成分。

查看渔药主要成分是为了检查该渔药是否是国家已明确规定淘汰或禁止生产、销售和使用的产品。

(5)目测鉴别渔药的质量。

①粉剂。

外包装应完整,装量无明显差异,无胀气现象;内装产品干燥疏松、颗粒均匀、色泽一致,无异味、潮解、霉变、结块、发黏等现象。

②水剂。

第一,容器应完好、统一、无泄漏,装量无明显差异;第二,瓶装瓶口应封蜡,其内加规定的溶媒后应完全溶解;第三,溶液应澄清无异物、色泽一致、无沉淀或浑浊现象;第四,个别产品在冬季允许析出少量结晶,但加热后应完全溶解。

③片剂。

外包装应完好、外观完整,内装产品色泽均匀、表面光滑、无斑点、无麻面、有适宜的硬度,并且经过测试其在水中的溶解时间达到产品要求。

④针剂。

透明度符合规定、无变色、无异样物;药瓶无裂纹、瓶塞无松动;混悬注射液振摇后无凝块。

⑤冻干制品。

不失真空或瓶内无疏松团块与瓶粘连等现象。

⑥中草药。

中草药色泽正常、无吸潮霉变、无蛀虫以及包装完整、无胀气现象。

2016年,所有上市的正规兽药(含渔药),都将附有用于追溯产品的二维码。2016年7月1日起生产的未使用统一的兽药二维码标识和未上传产品信息的兽药产品将不得上市销售。

【注意事项】

1. 观察渔药时,须注意该渔药盛装容器或包装袋本身的材质,未经教师同意,不得随意拿出盛放到其他不宜盛装的容器中,以免造成不良后果。

2. 观察渔药时,须注意别将药品尤其是化学药品弄到自己或他人眼里、皮肤与衣物上,如不慎弄上请及时用清水冲洗或报告指导教师。

3. 在对渔药进行质量的肉眼鉴别时,未经教师同意不得随意打开包装,如需打开请先询问教师或查看该渔药使用注意事项。

【思考题】

1. 什么叫兽药?什么叫渔药?区别其异同。
2. 试说明水产养殖生产中常用的消毒剂和环境改良剂有哪些,各任选1种简述其使用过程中的注意事项。
3. 简述水产动物疾病防治中抗微生物药和杀虫驱虫药的常用种类。
4. 水产动物细菌性疾病防治的常见中草药有哪些?具有什么治疗特点?
5. 肉眼鉴别渔药的质量需要注意哪些事项?

【拓展文献】

1. 王玉堂.权威专家王玉堂解读:如何从包装袋识别真假水产用兽药[J].当代水产,2017(2):81-84.

2. 汪建国.渔药药效学专题讲座——第一章 渔药药物效应动力学基础(2)[J].渔业致富指南,2017(2):81-84.

3. 李娜.渔药对水产养殖品质量安全的影响及对策黑[J].黑龙江畜牧兽医,2017(4):283-285.

4. 刘万学,李庆东.推进渔药减量行动 促进渔业绿色高质量发展[J].黑龙江水产,2020,39(6):3-4.

5. 詹新生,王乐平.浅谈健康养殖渔药的科学使用[J].河南水产,2019(3):44-46.

实验 3

水产动物常见真菌和藻类性疾病病变标本与病原体的观察

水产动物真菌性疾病是水产养殖生产中危害性较大的一类疾病,对水产动物的卵、幼体和成体均会造成严重危害。针对水产动物真菌和藻类性疾病目前尚无理想的治疗方法,主要在于预防和早期治疗。因此,通过观察水产动物真菌和藻类性疾病病变标本和病原体特征,把握其发病症状,对提早开展预防或早期治疗具有重要意义。

【实验目的】

通过对水产动物真菌和藻类性疾病病变标本的观察和病原体的检查,掌握真菌和藻类性疾病的主要症状和病原体的形态特征,为诊断和防治水产动物常见真菌和藻类性疾病打下基础。

【实验原理】

水产动物由真菌感染或者藻类附着、藻类释放的毒素而引起的疾病,统称为真菌和藻类性疾病。真菌是具有细胞壁、真核的单细胞或多细胞体。危害水产动物的主要是藻菌纲的一些种类,如水霉、绵霉、鳃霉、鱼醉菌、链壶菌、离壶菌、海壶菌等,同时还有半知菌类的镰刀菌以及丝囊霉菌等。真菌病不仅危害水产动物的幼体及成体,且危及卵。水产动物的藻类性疾病主要是由于大量藻类附着或者藻类释放的藻毒引起,严重时会导致水产动物死亡。常见藻类有嗜酸性卵甲藻、淀粉卵甲藻病、三毛金藻病、楔形藻病、针杆藻病、丝状藻类等。不同的病原体流行特点不同,受水温、水质、气候条件等因素影响。应该根据各种疾病流行病学特性,结合病原体的理化特性分析鉴定,科学诊断。

【实验用品】

1. 材料

患有典型真菌病、藻类性疾病的水产动物及水产动物真菌病、藻类性疾病病原体标本。

2. 器具

显微镜、解剖镜、解剖盘、解剖剪、解剖刀、解剖针、镊子、载玻片、盖玻片、酒精灯、胶头吸管、擦镜纸、培养皿、直尺（或游标卡尺）、吸水纸等。

3. 试剂

蒸馏水、0.65%生理盐水、番红液、95%酒精、二甲苯等。

【实验方法】

1. 水产动物常见真菌和藻类性疾病病变标本的观察

患真菌和藻类性疾病病鱼、病虾、病蟹活体标本的观察：通过肉眼观察其体表、鳃、鳍或甲壳等部位的病变症状，根据患病症状及其明显程度，对其做出初步诊断。当病鱼被真菌、藻类轻微感染时，通常症状不明显；但当严重感染时，可观察到明显症状。如：患水霉病病鱼的病灶部位肉眼可见灰白色絮状的外菌丝；患鳃霉病病鱼的鳃上有出血、瘀血，呈现花斑鳃，病情进一步加重时出现高度贫血，整个鳃呈青灰色；患嗜酸性卵甲藻病（打粉病）病鱼的背鳍、尾鳍及体表出现白点，白点逐渐蔓延至尾柄、头部和鳃内，病情进一步加重时会看到整个病鱼体上好像粘了一层米粉似的；等等。

取患病的活体标本和固定标本置于解剖盘中观察，看有无黏附物，有无黑色、黄色、黄褐色等斑块，有无白色真菌丝状体（外菌丝），受精卵、胚胎是否变浊发白，并做好记录。

（1）水霉病（Saprolegniasis）。

水霉病，又称肤霉病或白毛病，是由水霉属（*Saprolegnia*）和绵霉属（*Achlya*）两个属引起的真菌性疾病。感染初期，肉眼看不出有症状，当肉眼能看出时，菌丝不仅已在伤口侵入，且已向外长出外菌丝，似灰白色棉毛状，故俗称生毛，或白毛病。由于霉菌能分泌大量蛋白质分解酶，机体受刺激后分泌大量黏液。鱼卵在孵化时被感染后，外菌丝呈放射状向外伸出，鱼卵呈灰白色绒球状，故又有"太阳籽"之称（图1-3-1）。

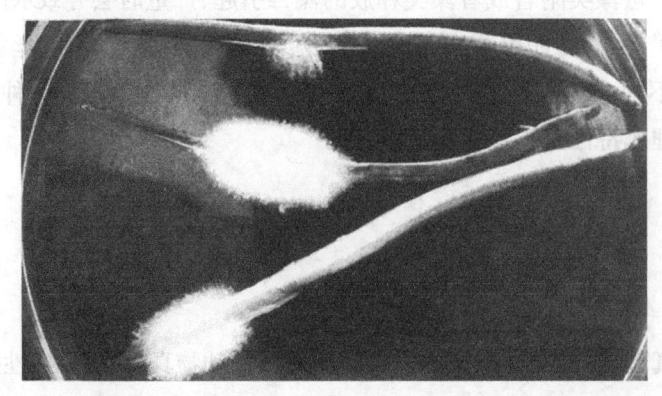

图1-3-1 鳗鲡鱼苗感染水霉病后体表长满菌丝（仿 烟井喜司雄）

(2) 鳃霉病(Branchiomycosis)。

鳃霉病是由鳃霉(*Branchiomyces* spp.)感染鱼鳃所引起的一种真菌性疾病。病鱼鳃丝严重失血,鳃丝发白,严重时有棉絮状菌丝黏附,病鱼失去正常游动姿态。受惊后游动时晃头,呼吸困难,游动缓慢,鳃上黏液增多,鳃上有出血、瘀血或缺血的斑点,呈现花斑鳃;病重时鱼高度贫血,整个鳃呈青灰色(图1-3-2)。

图1-3-2 患鳃霉病的罗非鱼(唐绍林 等)
鳃片肿胀,黏液增多

(3) 镰刀菌病(Fusariumsis)。

镰刀菌病是由镰刀菌属(*Fusarium*)的一些种类感染海水、淡水虾类的鳃、头胸甲、附肢、体壁和眼球等部位所引起的真菌病。被感染的组织有黑色素沉积,甲壳坏死、变黑、脱落,如烧焦的形状;病虾游动缓慢,反应迟钝,濒死的个体侧卧于池底(图1-3-3)。

图1-3-3 对虾镰刀菌病
箭头所示为甲壳坏死、变黑

(4) 卵甲藻病(Oodiniosis)。

卵甲藻病又称卵鞭虫病或打粉病,是由嗜酸性卵甲藻(*Oodinium acidophilum*)寄生于鱼的体表、鳍条等部位所引起的一种藻类性疾病。病鱼初期体表黏液增多,在背鳍、尾鳍及背部先后出现白点;随着病情的发展,白点逐渐蔓延至尾柄、鱼体两侧、头部及鳃内,用肉眼骤然看去,略似小瓜虫病的症状,但仔细观察可发现该病的白点之间有红色充血斑点,尾部特别明显;后期病鱼食欲减退,游动迟缓,不时呆浮水面,鱼体上白点连片重叠,像裹了一层米粉,故有"打粉病"之称。"粉块"脱落处发炎溃烂,并常继发水霉病。

(5)三毛金藻病(Prymnesiacee)。

三毛金藻病是由三毛金藻(Prymnesium spp.)感染鱼体所引起的一种藻类性疾病。病鱼发病初期,焦躁不安,呼吸频率加快,游动急促,方向不定,短时间后会渐渐平静;三毛金藻的毒素引起鱼类麻痹性中毒后,病鱼反应迟钝,鳃分泌大量黏液,鳍基部充血,鱼体后部颜色变浅,呼吸缓慢,有的鳃盖、眼眶周围、下颌及体表充血,有的鱼死后鳃盖张开。

2. 水产动物常见真菌和藻类性疾病病原体的观察

病原体显微观察:取活体病变组织小片,置于载玻片上,用盖玻片压成薄片,在低倍镜下观察有无白色真菌丝状体或藻类,每人观察3~5个压片,做好记录。

(1)水霉。

水霉(Saprolegnia spp.)是真菌的一种,属于鞭毛菌亚门,水霉科。生长在水中动植物或其遗体上,菌丝无膈而分枝(图1-3-4)。有两种生殖方式:无性繁殖时,菌丝顶端膨大,产生横壁,形成游动孢子囊,产生双鞭毛的游动孢子;有性繁殖时,形成精子囊和卵囊,经过精子和卵的结合,形成卵孢子。

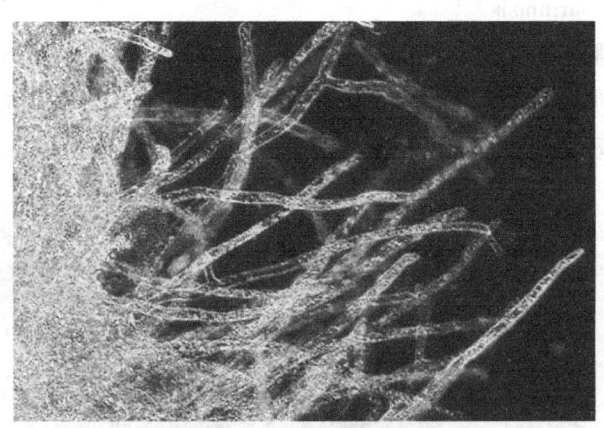

图1-3-4 水霉菌菌丝显微结构

(2)鳃霉菌。

鳃霉(Branchiomyces spp.),属水霉目(Saprolegniales)。目前发现有两种类型的鳃霉感染我国鱼类。寄生在草鱼鳃上的鳃霉,菌丝较粗直而少弯曲,分枝很少,通常是单枝延生生长,不进入血管和软骨,仅在鳃小片的组织生长;孢子较大,直径7.4~9.6 μm,平均8 μm,菌丝直径20~25 μm,略似Plehn(1921)所描述的血鳃霉。鳃霉常寄生在青、鳙、鲮、黄颡鱼鳃上,菌丝较细,壁厚,常弯曲呈网状,分枝特别多,分枝沿鳃丝血管或穿入软骨生长,纵横交错,充满鳃丝和鳃小片,菌丝直径6.6~21.6 μm,孢子直径4.8~8.4 μm,与Wundsch(1930)所描述的穿移鳃霉(B.demigrans)相似(图1-3-5)。

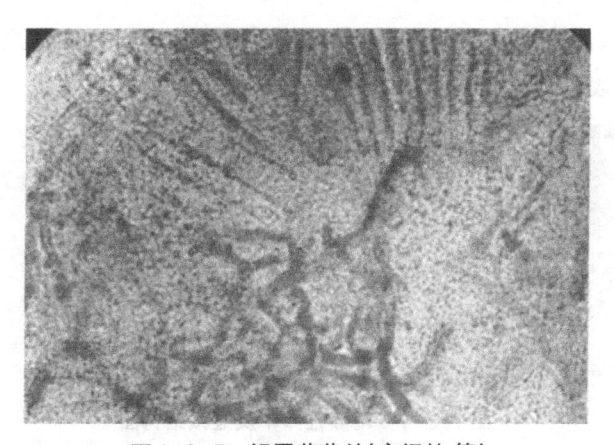

图1-3-5　鳃霉菌菌丝(唐绍林 等)
图中所示为鳃霉菌分枝菌丝和菌丝内的孢子

(3)镰刀菌。

镰刀菌属(*Fusarium*)包括的种很多,同一种的形态变异较大,所以分类鉴定比较困难。

诊断方法:从病灶处取受损组织做成水浸片,在显微镜下检查发现有镰刀形的大分生孢子时才能确诊。有时只看到菌丝,可通过对菌丝培养形成大、小分生孢子(图1-3-6)。

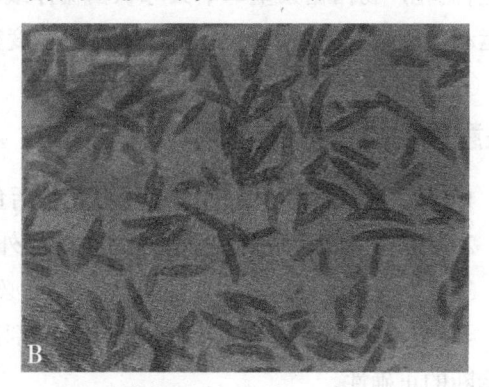

图1-3-6　镰刀菌(仿 卞佰仲,1981)
A.三线镰刀菌大分生孢子;B.虎皮镰刀菌大分生孢子

(4)嗜酸性卵甲藻的形态观察。

嗜酸性卵甲藻又叫嗜酸性卵涡鞭虫。成熟的个体呈肾脏形,宽大于长,大小为(102～155)μm×(83～130)μm,中部有明显的凹陷,没有柄状突起或伪足状的根丝,体外有一层透明、玻璃状纤维壁,体内充满淀粉粒和色素体,中间有1个大而圆的细胞核。不久就进行分裂,形成128个子体,以后每个子体再分裂1次,形成游泳子。游泳子大小为(13～15)pm×(11～13)pm,由不明显的横膈将虫体分为上、下两部分,腹面有1条不甚明显的纵沟,前与横沟相接;一条横鞭毛从纵沟相接处长出,沿横沟作短波形的快速波动;一条纵鞭毛也在其附近长出,沿纵沟向后作缓慢的左右摆动,推动虫体前进。游泳子在水中迅速地游动,与鱼类接触就寄生上去,失去鞭毛,静止下来,逐步成长为成熟个体(图1-3-7)。

诊断：肉眼观察，体表许多白点，可初步诊断；仔细检查，可见白点之间有充血斑点，以尾部尤为明显；通过体表刮片显微镜观察，确定病原体，方可确诊。

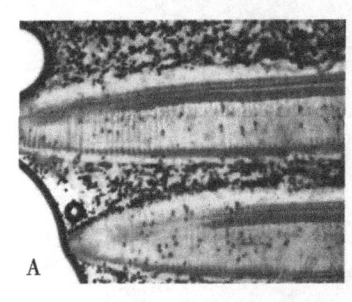

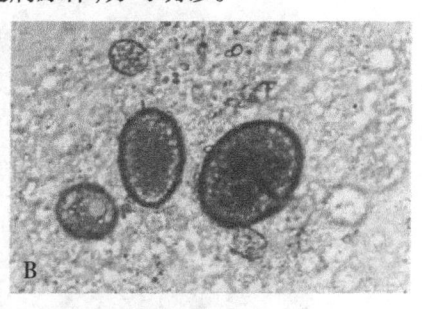

图1-3-7　嗜酸性卵甲藻显微结构图
A.鳃丝间寄生有大量嗜酸性卵甲藻营养体；B.嗜酸性卵甲藻营养体（但学明、温文乐）

(5)三毛金藻的形态观察。

三毛金藻(*Prymnesium*)，属金藻门(Chrysophyta)，金藻纲(Chrysophyceae)，金胞藻目(Chrysomonadles)。植物体为单细胞藻类，具3条鞭毛，中间一条较短，鞭毛基部附近有1个伸缩泡，两侧有2个金黄色叶状色素，细胞呈椭圆形、卵形、球形等，易变形，色素体两个，板状，侧生，同化产物白糖素呈一个大球状白糖体或小型多数，位于细胞后端。运动时，多为左旋向前运动。通常在夜间进行细胞分裂繁殖，速度很快，环境恶劣时行孢子繁殖。

【注意事项】

1. 疾病检查时，必须是具有典型症状的活鱼或刚死的鱼。
2. 鱼病检查诊断原则：先肉眼后镜检、先外后内、先腔后实。
3. 检查的鱼体，解剖所取出的内器官，都必须保持湿润。
4. 检查时要按顺序进行，小心操作。解剖过程中应保持器官的完整，避免混淆和污染，影响诊断的正确性。
5. 为了防止器械污染，每一器官接触的用具须洗净后再使用。
6. 一时不能诊断的病象，要注意保留标本。

【思考题】

1. 如何区别鱼类水霉病和鳃霉病？病鱼分别具有什么症状？
2. 常见的水产动物藻类疾病有哪些？主要病原体是什么？

【拓展文献】

1. 钟复坤，谢海波，王玉群.水产动物常见真菌病的防治[J].科学养鱼，2011(11):79.
2. 彭小云.水产养殖中由藻类引起的疾病[J].渔业致富指南，2016(5):68-69.

实验 4

水产动物常见病毒性疾病病变标本与病原体的观察

水产动物病毒性疾病是对水产养殖产业危害较为严重的一类疾病,因其发病急、传播速度快、暴发范围广以及防治困难等特点,现已成为人们关注的焦点。因此,如何通过病毒性疾病病变标本和病原体观察来提前做好诊断,对于预防水产动物病毒病具有重要意义。

【实验目的】

1. 学习并掌握常见水产动物病毒性疾病病变标本的采集和观察方法。
2. 观察并了解水产动物常见病毒性疾病病原体的形态结构特点。

【实验原理】

水产动物病毒性疾病的病原种类繁多,不同种类的病原对宿主的毒性或致病力各不相同,也会产生不同的症状。所以根据各种疾病的病症和病因,就可以对常见的水产动物病毒性疾病进行初步的检查和诊断。

病毒是一种没有细胞结构的特殊生物。它们的结构非常简单,由蛋白质外壳和内部的遗传物质组成。病毒个体极其微小,普通光学显微镜下看不到病毒颗粒,需要采用电子显微镜等设备才能看到。病毒粒子的形状有球形、杆状、弹状、二十面体等。例如,常见的鲤春病毒血症病毒的病毒粒子一端为圆弧状,另一端则相对平坦呈子弹状,病毒粒子长 90~180 nm,宽为 60~90 nm;草鱼呼肠孤病毒的病毒颗粒呈正二十面体,直径仅为 55~80 nm。

【实验用品】

1. 材料

具有典型病毒性疾病症状的水产动物,水产动物常见病毒性疾病病原体。

2. 器具

透射电子显微镜、生化培养箱、烘箱、冰箱、低温冷冻离心机、电子天平、解剖盘、解剖刀、解剖针、大小手术剪、大小镊子、直尺、培养皿、载玻片、盖玻片、纱布、吸水纸、棉签、标签纸、卫生纸、吸管、烧杯、试剂瓶和洗瓶等。

3. 试剂

乙醇、蒸馏水、鱼用生理盐水、2.5%戊二醛、无水乙醇、丙酮、Epon 812包埋剂、2%乙酸双氧铀溶液和枸橼酸铅。

【实验方法】

1. 水产动物常见病毒性疾病病变标本的观察

一般患水产动物病毒性疾病的个体表现出体色发黑，腹部肿大，鳃肿胀、褪色或鳃丝苍白，肛门红肿，体表充血、出血、发炎、脓肿、腐烂，鳍基充血，肌肉充血，内脏有明显出血点，肝、脾、肾水肿，以及蛀鳍、竖鳞、突眼等症状。肉眼观察患病水产动物所表现出的这些明显症状，即可得出初步的观察结果。

(1)草鱼出血病(Hemorrhagic disease of grass carp)。

草鱼出血病的病原体是一种水生生物呼肠孤病毒，为草鱼呼肠孤病毒(Grass carp reovirus，GCRV)。该病症状复杂，可在体内外出现一系列症状群，但最基本的症状为有关器官或组织充血和出血。从外表症状看，病鱼体色暗黑而微红，较小的鱼种在阳光或灯光下观察，可见到皮下和肌肉出血。病鱼口腔有出血点，下颌、头顶和眼眶四周充血，有的眼球突出，鳃盖、鳍基也常充血。从内部病变看，剥开皮肤，可见肌肉点状或斑块状充血，严重时全身肌肉呈鲜红色。剖开腹腔，可见肠道全部或部分因肠壁充血而呈鲜红色，轻症可呈现出血点和肠壁环状充血。全身性出血是该病的主要特点，但上述出血症状不是每条鱼都一样，一般分为三种情况：以肌肉出血为主而外表无明显的出血症状或仅表现为轻微出血的红肌肉型(图1-4-1)；以体表出血为主，口腔、下颌、鳃盖四周以及鳍条基部明显充血和出血的红鳍红鳃盖型(图1-4-2)；以肠道充血、出血为主的肠炎型(图1-4-3)。这三种类型有时可同时出现两种，甚至三种类型会出现在同一条病鱼上，可以混合发生。

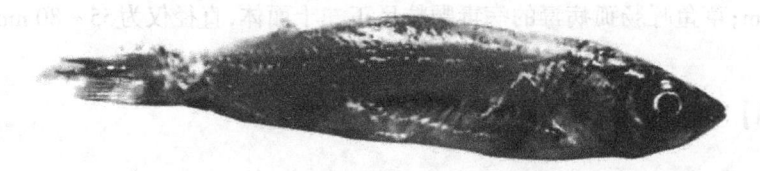

图1-4-1 红肌肉型(江育林,2002)

患病草鱼肌肉出血,内脏出血,为典型的红肌肉型

图1-4-2 红鳍红鳃盖型(江育林,2002)
患病草鱼鳍条出血,腹部出血,为典型的红鳍红鳃盖型

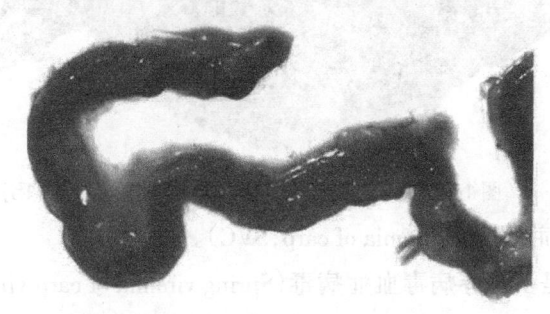

图1-4-3 肠炎型(江育林,2002)
患病草鱼的肠道充血,为典型的肠炎型

(2)传染性胰脏坏死病(Infectious pancreatic necrosis,IPN)。

传染性胰脏坏死病是感染鲑科鱼类的一种高度传染性的急性病毒性疾病,其病原体为传染性胰脏坏死病病毒(Infectious pancreatic necrosis virus,IPNV)。鱼苗感染初期,生长发育良好,之后外表正常的鱼苗死亡率骤然升高,并出现突然离群狂游、翻滚、旋转等异常游动姿势,随后停于水底,间歇片刻后重复上述游动。感染末期鱼体变黑,眼球突出,腹部明显肿大,胰脏器官坏死,腹腔内经常有黄色黏液(图1-4-4)。

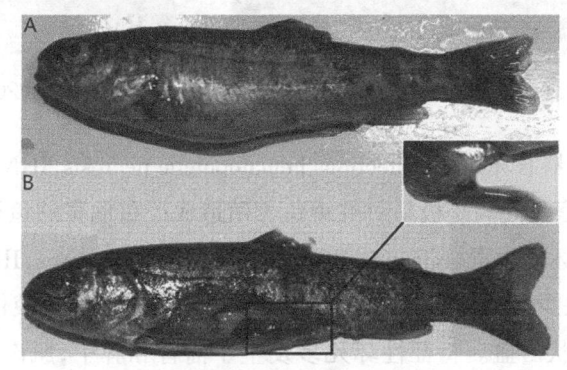

图1-4-4 患传染性胰脏坏死病的虹鳟鱼(Zhu L,2017)
A.患病虹鳟鱼腹部肿大;B.腹腔内有黄色黏液

(3)淋巴囊肿病毒病(Lymphocystis disease)。

淋巴囊肿病毒病是由淋巴囊肿病毒(Lymphocystis disease virus,LCDV)感染引起的鱼类的一种典型的皮肤和浅表组织慢性病,它是最早发现的鱼类病毒性疾病之一。该病的普遍症状是病鱼头部、躯干皮肤、鳍及尾部附生单个或成群的小珍珠状或水疱状肿胀物,淋巴囊肿不呈集团而呈分散状,严重时内脏组织器官也出现病变。患病鱼一般不死,病毒自囊肿破裂处散出而感染其他鱼(图1-4-5)。

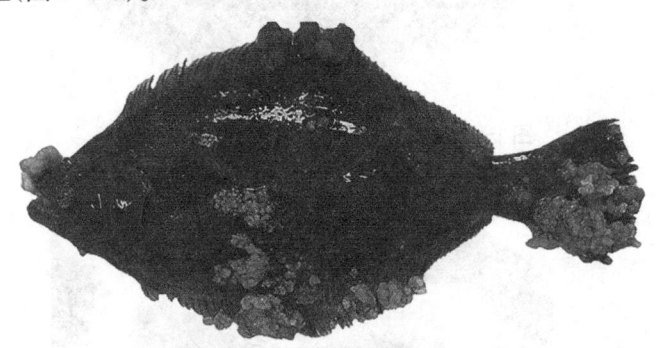

图1-4-5　患病牙鲆体表长满囊肿(Guo Y,2015)

(4)鲤春病毒血症(Spring viremia of carp,SVC)。

鲤春病毒血症是由鲤春病毒血症病毒(Spring viremia of carp virus,SVCV)引起的一种水产病毒性疾病。鲤春病毒血症病毒几乎可以感染所有养殖鲤科鱼类,患病幼鱼的死亡率超过90%。病鱼一般表现为群聚在水口处,呼吸缓慢,对外界反应迟钝,身体平衡力降低,体色发黑,腹部肿大,体内出血,鳃丝苍白,眼球突出,肛门红肿,肠道发炎,肌肉出血(图1-4-6)。

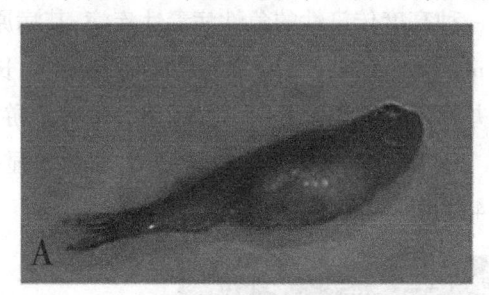

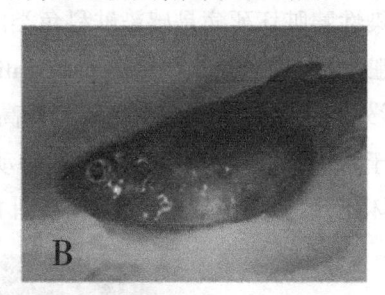

图1-4-6　患鲤春病毒血症的鲤鱼(Medina-Galia R,2018)
A.腹部肿胀;B.皮肤出血

(5)传染性造血器官坏死病(Infectious hematopoietic necrosis,IHN)。

传染性造血器官坏死病是极易对虹鳟鱼养殖造成严重危害的鱼类急性传染病,其病原体为传染性造血器官坏死病毒(Infectious hematopoietic necrosis virus,IHNV)。病鱼肝和脾通常显苍白,消化道中缺少食物,胃内充满乳白色液体,肠内充盈黄色液体;患病成鱼的后肠和脂肪组织中可见瘀斑状出血。特征性坏死多发生于前肾和脾中,肌肉上也可能出现病灶性出血。濒死鱼的肾窦充血,最终因肾脏衰竭而导致死亡(图1-4-7、1-4-8)。

图1-4-7　患传染性造血器官坏死病的虹鳟鱼苗(江育林,2002)
A.腹部肿胀;B.皮肤出血

图1-4-8　患病银大马哈鱼成鱼的内脏出血(江育林,2002)

(6)鲤痘疮病(Carp pox)。

鲤痘疮病是鲤鱼特别敏感的一种流行性疾病,其病原是一种疱疹病毒(Herpus Cyprini Virus),被命名为鲤痘病毒。早期病鱼的体表出现乳白色小斑点,并覆盖着一层很薄的白色黏液。随着病情的发展,白色斑点的大小和数目逐渐增加和扩大,以致蔓延全身。由于患病部分的表皮受到某种刺激,增厚而形成增生物,质地由柔软变为软骨状,较坚硬,色泽为乳白色、奶白色,俗称"石蜡样增生物",状似痘疮(图1-4-9)。

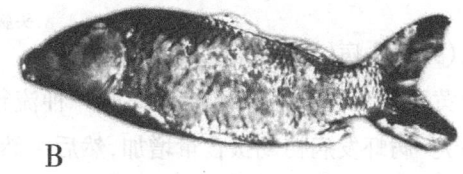

图1-4-9　患病鲤鱼表皮呈现不同严重程度的痘疮(江育林,2002)

(7)病毒性出血败血症(Viral hemorrhagic septicemia,VHS)。

病毒性出血败血症是引起淡水鲑科鱼类死亡的主要疾病之一,其病原为病毒性出血败血症病毒(Viral hemorrhagic septicemia virus,VHSV)。该病的主要特征是出血。根据症状的严重程度及表现差异,一般可以分急性型、慢性型和神经型三种类型。急性型常见于流行初期,主要表现有体色发黑,眼球突出,体表充血,鳃褪色,肌肉和内脏有明显出血点,肝、肾水肿、变性和坏死,发病快,死亡率高。慢性型的病程长,见于流行中期。除体色发黑外,还可见病鱼鳃肿胀、苍白贫血,很少出血;肌肉和内脏可见出血。神经型多见于流行末期,表现为运动异常,或静止不动,或沉入水底,或旋转运动,或狂游,甚至跳出水面。该病组织病理变化主要是肾脏、肝脏及脾脏细胞呈现区域性变性及坏死,横纹肌的肌束间有出血病灶(图1-4-10)。

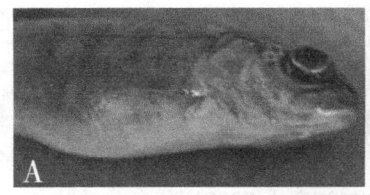

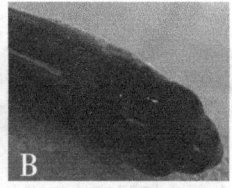

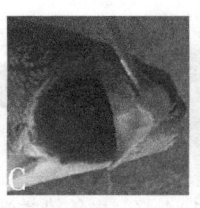

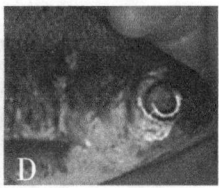

图1-4-10 患病毒性出血性败血症的虹鳟鱼(Ahmadivand S,2016;Pierce L,2013)

A.腹部肿大;B.体色发黑;C.鳃褪色;D.体表充血

(8)对虾白斑综合症(White spot syndrome of prawn)。

对虾白斑综合症病毒病是在对虾养殖地区普遍发生、危害性极大的一种急性流行病,其病原为白斑综合征杆状病毒(White spot syndrome virus,WSSV)。病虾首先停止吃食,行动迟钝,弹跳无力,漫游于水面或伏于池边水底不动,很快死亡。典型的病虾的甲壳内侧有白点,白点在头胸甲上特别明显,肉眼可见。病虾血淋巴浑浊,淋巴器官和肝胰脏肿大,鳃、皮下组织、心脏等组织器官均发生病变(图1-4-11)。

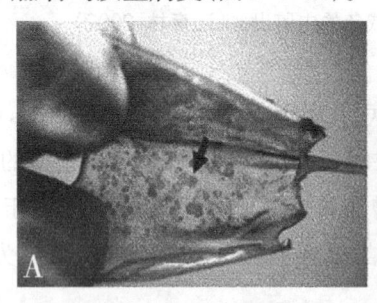

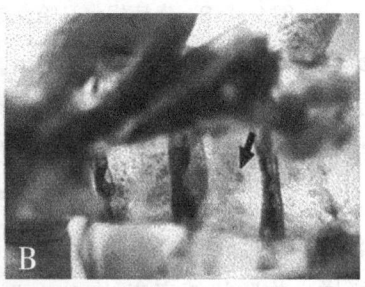

图1-4-11 患病对虾出现大量白斑(Phalitakul S,2006)

A.头胸甲;B.甲壳

(9)黄头病(Yellow head disease,YHD)。

黄头病是主要感染斑节对虾的一种流行性疾病,其病原为黄头病毒(Yellow head virus,YHV)。病虾发病初期摄食量增加,然后突然停止吃食,在2~4 d内会出现黄头并死亡。许多濒死的虾聚集在池塘角落的水面附近,其头胸甲因里面的肝胰脏发黄而变成黄色,对虾体色发白,鳃棕色或发白(图1-4-12)。

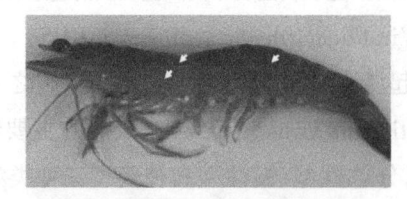

图1-4-12 患病对虾头部呈现明显的黄色(Srisapoome P,2018)

(10)桃拉综合征病毒病(Taura syndrome virus disease)。

桃拉综合征病毒病俗称红尾病,是由桃拉综合征病毒(Taura syndrome virus,TSV)引起的一种严重的对虾传染性疾病。该病主要发生在虾的蜕皮期,病虾不吃食或少量吃食,在水面缓慢游动,捞离水后死亡。在急性期、特急性期,幼虾身体虚弱,外壳柔软,消化道空无食物,在附足上会有红色的色素沉积,尤其是尾足、尾节、腹肢,有时整个虾体体表都变成红色,有时体表会出现多样的、分布不定的、无规则的斑点、坏死灶,体表的损伤部位开始变黑(图1-4-13)。

图1-4-13 患桃拉综合征病毒病的对虾(Phalitakul S,2006)
患病对虾的表皮呈现不同程度的黑斑,尾扇发红

2. 水产动物常见病毒性疾病病原体的观察

(1)病毒的形态观察。

病毒寄生在宿主细胞内,其个体很小。多数病毒直径为20~200 nm,较大的病毒直径为300~450 nm,普通光学显微镜下看不到病毒颗粒,必须使用透射电子显微镜等仪器才能看到。利用透射电子显微镜进行病毒观察时,可采用负染和超薄切片等方法。负染就是用重金属盐(如磷钨酸、醋酸双氧铀)对铺展在载网上的样品进行染色;吸去染料,样品干燥后,样品凹陷处铺了一层很薄的重金属盐,而凸起的地方则没有染料沉积,从而出现负染效果。利用透射电子显微镜进行观察时还常用对戊二醛和锇酸进行双重固定检测样品,经树脂包埋用特制的超薄切片机切成超薄切片,再经醋酸双氧铀和枸橼酸铅等进行电子染色制成可用于观察的切片。透射电子显微镜是观察鱼类病毒形态最有效和最直接的工具之一。

(2)透射电子显微镜制样步骤。

①向病毒性疾病病原体中加入适量的2.5%戊二醛,室温固定过夜,3000 rpm·min^{-1}离心20 min,弃掉固定液,收集细胞沉淀;

②用磷酸盐缓冲液(pH=7.4)漂洗3次,每次15 min;

③用1%锇酸溶液固定样品2 h;

④分别用50%、70%、80%、90%、95%的乙醇对样品进行脱水处理,每次15 min;然后用无水乙醇处理20 min;最后用丙酮处理20 min;

⑤用丙酮和Epon 812包埋剂的混合液(V:V=1:1)渗透过夜,然后60 ℃下聚合48 h;

⑥用切片机对样品切片(60~70 nm)后,对样品用铀铅双染色(即2%乙酸双氧铀溶液和枸橼酸铅,分别染色15 min),然后切片置于室温干燥过夜。

将切片置于透射电子显微镜下观察病原体并拍照。

(3)常见病毒性疾病病原体观察。

①草鱼呼肠孤病毒(GCRV)。

草鱼呼肠孤病毒的病毒粒子为二十面体的球形颗粒,直径为 70～80 nm,具双层衣壳,无囊膜(图 1-4-14)。

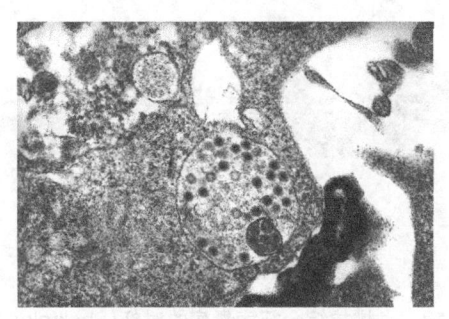

图 1-4-14　草鱼呼肠孤病毒透射电镜图(Liu S X,2018)

②鲈鱼弹状病毒(Micropterus salmoides rhabdo virus,MSRV)。

鲈鱼弹状病毒的病毒粒子一端为圆弧状,另一端则相对平坦,整体呈子弹状,外面有一层紧密包裹的囊膜,直径为 40～60 nm(图 1-4-15)。

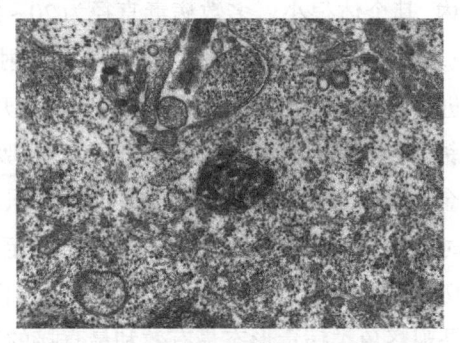

图 1-4-15　鲈鱼弹状病毒透射电镜图(朱斌)

③真鲷虹彩病毒(Red sea bream iridoviral disease virus,RSIDV)。

真鲷虹彩病毒为虹彩病毒科,细胞肿大病毒属。病毒粒子为正二十面体的球形颗粒,直径为 200～260 nm,是 DNA 病毒(图 1-4-16)。

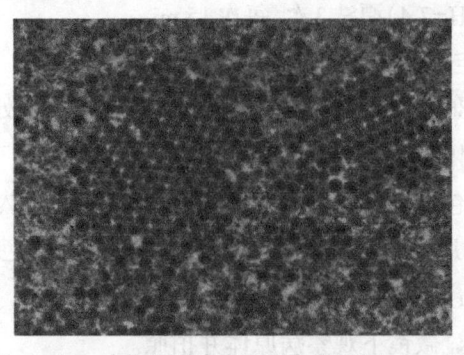

图 1-4-16　真鲷虹彩病毒透射电镜图(Liu X,2018)

④白斑症病毒(White spot syndrome virus,WSSV)。

白斑症病毒的病毒粒子外观呈椭圆短杆状,横切面为圆形,一段有尾状突起物,平均大小为 350 nm×100 nm,核衣壳大小为 300 nm×100 nm,具囊膜,无包涵体(图1-4-17)。

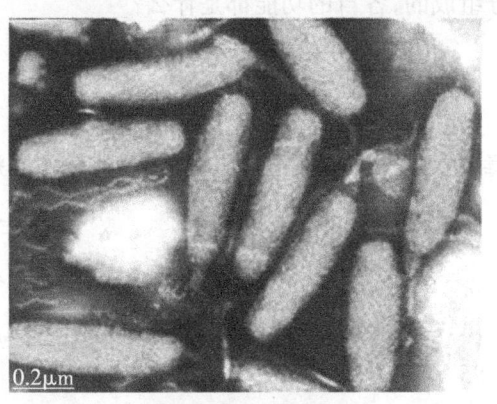

图1-4-17　白斑症病毒透射电镜图(Li L,2019)

⑤淋巴囊肿病毒(Lymphocystis disease virus,LCDV)

淋巴囊肿病毒的病毒粒子呈二十面体,其轮廓呈六角形,有囊膜,囊膜厚50～70 nm,大量病毒颗粒可呈晶格状排列。病毒粒子的大小随宿主鱼而异,直径一般为200～260 nm(图1-4-18)。

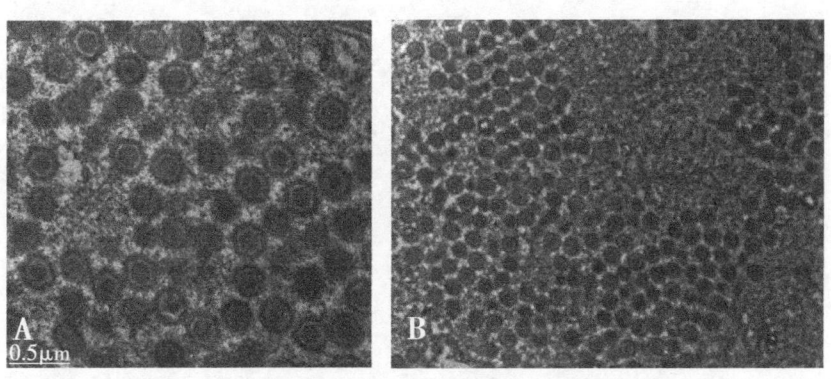

图1-4-18　淋巴囊肿病毒透射电镜图(Zheng F,2016)

【注意事项】

1.待检查的水产动物标本为活体或濒死的新鲜个体。

2.肉眼观察患病个体的病变症状时,能正确区分有关病毒性疾病与细菌性疾病可能存在的相似症状。

3.严格按照透射电子显微镜制样方法和步骤制备病毒观察样品。

4.在教师的指导下进行透射电子显微镜的正确操作。

5.观察病变标本时,应按照水产动物疾病检查的一定程序进行,并按要求写明标签。

【思考题】

1. 水产动物常见的病毒性疾病有哪些？
2. 病毒是由哪几部分组成的，各自的功能都是什么？

【实验拓展】

收集多种不同的病毒性疾病的病原体透射电镜照片，比较不同病原体的形貌差异。

【拓展文献】

1. 方勤,肖调义,丁清泉,等.草鱼呼肠孤病毒新分离株（GCRV$_{991}$）的病毒学特性分析[J].中国病毒学,2002,17(2):82-85.
2. 刘凯于,余泽华,杨凯,等.对虾白斑症病毒的初步研究[J].华中师范大学学报（自然科学版）,2000,34(3):336-340.
3. 王明森,王洪光,黄健.水产动物病毒性疾病样品的采集和检测[J].动物医学进展,2009,(8):109-112.
4. 桂朗,张奇亚.中国水产动物病毒学研究概述[J].水产学报,2019,43(01):168-187.

实验 5

水产动物常见细菌性疾病病变标本与病原体的观察

水产动物细菌性疾病是水产养殖产业中一类常见高发的传染性疾病,因其流行广、危害大且病原菌种类多等特点,一直以来都是养殖生产和实验研究的关注热点。因此,熟悉水产动物常见细菌性疾病病变标本和病原体特征,有助于细菌性疾病的快速准确诊断,对预防水产动物细菌病具有重要意义。

【实验目的】

1. 学习并掌握常见水产动物细菌性疾病病变标本的观察方法。
2. 观察并了解水产动物常见细菌性疾病病原体的形态结构特征。

【实验原理】

水产动物细菌性疾病的病原种类繁多,不同种类的病原菌具有的毒力不同,其侵袭宿主后表现出不同的致病力和病理症状。利用细菌性疾病的典型症状和病原体特征,可以帮助从业人员快速准确地开展常见水产动物细菌性疾病的检查和诊断。

细菌是一类体积微小、结构简单且细胞壁坚韧的原核微生物,一般由细胞壁、细胞膜、细胞质、核质、核糖体和质粒等基本结构组成,以二分裂方式进行繁殖。有的细菌还具有菌毛、鞭毛、糖被和芽孢等特殊结构。细菌大小以微米(μm)为单位,其形态需要借助光学显微镜在油镜下观察,基本形态有球状、杆状和螺旋状。

【实验用品】

1. 材料

具有典型细菌性疾病症状的水产动物,水产动物常见细菌性疾病病原体。

2. 器具

超净工作台、生化培养箱、光学显微镜、电子秤、医用口罩、乳胶手套、解剖盘、解剖刀、解剖针、手术剪、镊子、直尺、酒精灯、接种环、培养皿、试管、试管塞、载玻片、酒精棉球、油性马克笔等。

3. 培养基与试剂

鱼用麻醉剂、75%酒精、无水乙醇、蒸馏水、胰酪大豆胨琼脂培养基(TSA)、胰蛋白胨大豆肉汤培养基(TSB)、LB培养基、Shieh琼脂培养基、脑心浸液肉汤培养基(BHI)、琼脂、革兰氏染液、香柏油等。

【实验方法】

1. 水产动物常见细菌性疾病病变标本的观察

一般情况下，水产动物细菌性疾病患病个体通常表现出行动缓慢、反应迟钝和离群独游的临床症状，伴有烂鳃、突眼、蛀鳍、鳞片脱落、体表溃烂、肛门红肿、腹部膨大等症状，解剖可见内脏组织器官肿胀、充血、出血、白色结节、带血腹水等症状。通过肉眼观察患病水产动物所表现出的这些明显症状，即可得出初步的观察结果。

(1)细菌性败血症(Bacterial septicemia)。

淡水鱼细菌性败血症，简称细菌性败血症。多种病原菌均能引起鱼类全身性感染导致细菌性败血症，其中以嗜水气单胞菌(*Aeromonas hydrophila*)报道居多。病鱼出现包括上下颌、口腔、鳃盖、眼睛、鳍基及鱼体两侧充血、出血症状，眼球突出，肛门红肿，腹部膨大。解剖可见腹腔内积有血红色腹水，肝脏、脾脏和肾脏肿大，胆囊充盈，胃肠道充血、出血，肠内无食物多黏液，有的肠腔内积有大量液体或有气体(图1-5-1)。

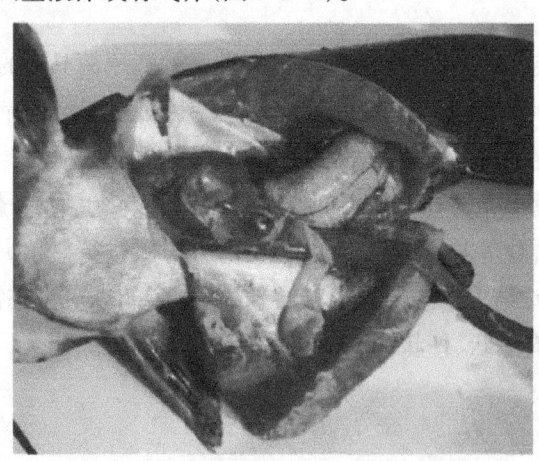

图 1-5-1 胃肠道充出血(陈冬香，2010)

(2)鮰类肠败血症(Enteric septicemia of catfish, ESC)。

鮰类肠败血症是由鮰爱德华菌(*Edwardsiella ictaluri*)感染以鮰为主的无鳞鱼，引起以肠型败血症为典型病变的细菌性疾病。因病原体入侵途径和宿主抵抗力的差异，鱼类发病症状有所不同。鮰爱德华菌经消化道感染，病鱼表现出典型的头朝上尾朝下的水中悬垂状继而发生死亡。死亡鱼腹部膨大，鳍条基部、眼部和背部、体侧、腹部、颌部和鳃盖上可见到细小的充血、出血斑。

解剖病鱼可见腹腔内有大量含血的或清亮的液体,肝脏肿大,质脆并有出血点和灰白色的坏死斑点,脾脏和肾脏肿大出血,胃膨大,肠道扩张,肠腔内充满气体和水样液体(图1-5-2),肠黏膜水肿充血,表现为典型的肠道败血症型。鲴爱德华菌通过侵入嗅觉器官感染宿主,到达脑部,形成肉芽肿性炎症,最后在头部颅骨前溃烂,形成一个空洞性的病灶,整个脑组织裸露,表现为典型的头盖穿孔型(图1-5-3)。

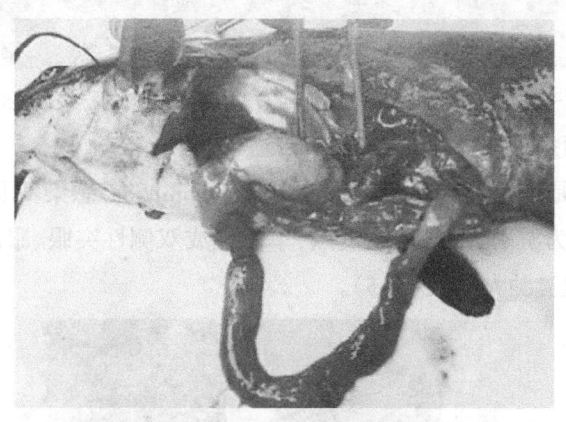

图1-5-2 斑点叉尾鲴出血性肠炎(汪开毓,2014)

图1-5-3 患病斑点叉尾鲴"头穿孔"(李刚,2017)

(3)迟缓爱德华氏菌病(Edwardsiellasis)。

迟缓爱德华氏菌病是由迟缓爱德华氏菌(*Edwardsiella tarda*)感染宿主引起的一种细菌性疾病。其危害宿主范围广,从鱼类、两栖类、爬行类到哺乳动物都有感染病例报道。不同鱼类感染后临床症状有所不同,漠斑牙鲆病鱼表现出腹部膨胀、肛门红肿,严重的病鱼部分肠道从肛门处露出,解剖可见腹腔内有大量出血性腹水,肝脏肿大并伴有出血症状。大菱鲆病鱼腹部肿胀,行动迟缓,常在水面游动,吻部及肛部发红,严重者肛门脱落,鳍基部出血;解剖发现腹腔中有大量的脓状腹水,严重者肠胃出血。异育银鲫病鱼表现为全身性出血,腹部肿胀,腹部鳞片基部严重出血(图1-5-4)。

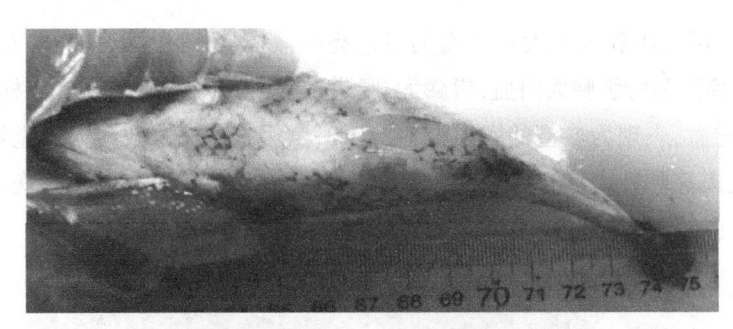

图1-5-4　患病异育银鲫腹部鳞片基部严重出血(程俊茗,2017)

(4)罗非鱼链球菌病(Tilapia streptococcosis)。

罗非鱼链球菌病是由无乳链球菌(*Streptococcus agalactiae*)感染罗非鱼引起的一种细菌性疾病。病鱼主要表现为游动异常、体色发黑,单侧性或双侧性突眼、眼眶四周充血、眼角膜白浊,解剖可见肝脏和胆囊肿大(图1-5-5)。

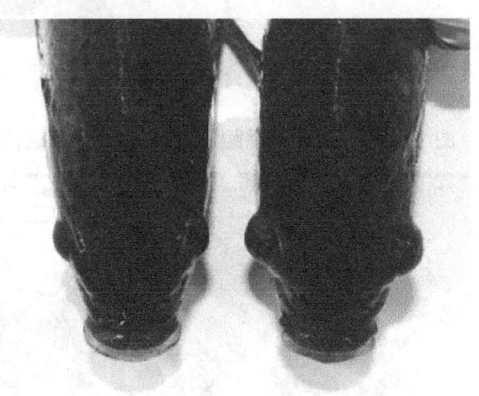

图1-5-5　双侧性突眼(崔静雯,2015)
左为健康对照,右为病鱼

(5)细菌性烂鳃病(Bacterial gill-rot disease)。

细菌性烂鳃病病原菌为柱状黄杆菌(*Flavobacterium columnare*),病鱼体色发黑,头部颜色较为黯黑,鳃盖骨内表皮通常充血。病情严重的鱼鳃盖骨中间部位表皮常腐蚀成为一个透明小区,鳃丝腐烂,末端黏液增多并粘有污泥等(图1-5-6)。

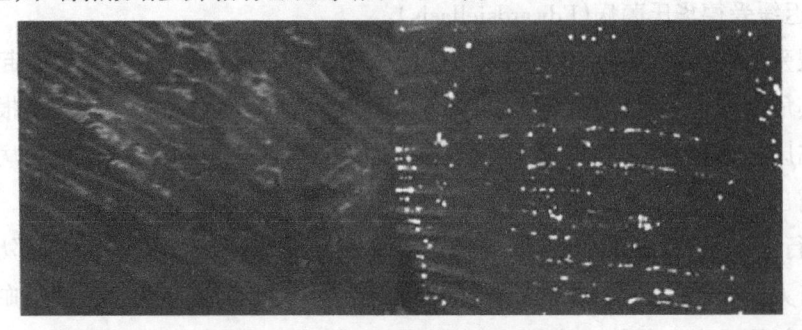

图1-5-6　患病子二代中华鲟细菌性烂鳃病(张建明,2017)

(6)鲑鱼疖病(Salmon furunculosis)。

鲑鱼疖病是鲑科鱼类养殖过程中常见疾病之一,病原菌为杀鲑气单胞菌(*Aeromonas salmonicida*)。病鱼通常表现为体色发黑、食欲不振、鳍基部充血和体表皮肤溃疡等症状(图1-5-7)。

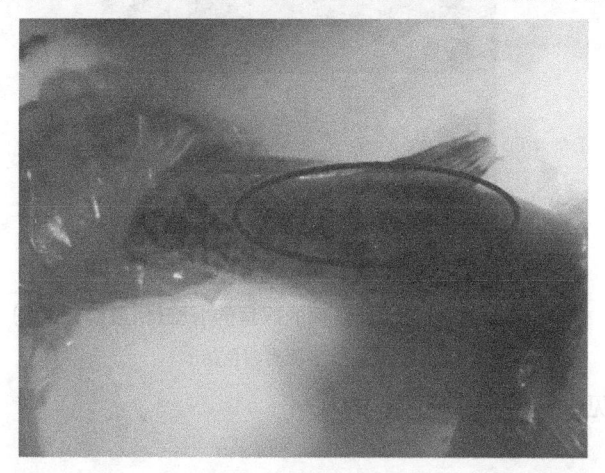

图1-5-7　感染杀鲑气单胞菌的大西洋鲑外部症状(依萌萌,2015)

(7)细菌性肾脏病(Bacterial kidney disease,BKD)。

细菌性肾脏病由鲑肾杆菌(*Renidacterium salmoninarum*)引起的鲑科鱼类疾病,是虹鳟鱼养殖过程中常见疾病之一。急性型病鱼在未表现出临床症状时已经死亡;亚急性型病鱼开始死亡前出现疖疮症状;慢性Ⅰ型病鱼表现出肠道发炎,鳍条基部出血,死亡较慢;慢性Ⅱ型病鱼通常无明显症状,也无死亡现象发生。病鱼内脏器官最突出的变化为肾脏肿大并出现白色肉芽肿病变,病情较轻者出现脾、肝肿大并伴有白色肉芽肿病变(图1-5-8)。

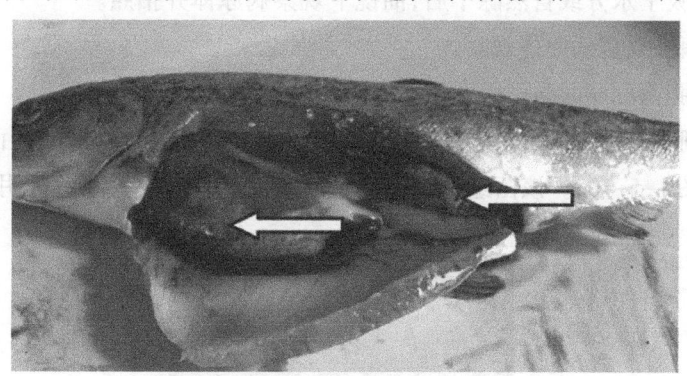

图1-5-8　肾、肝肉芽肿(王静波,2015)

(8)诺卡氏菌病(Nocardiosis)。

诺卡氏菌病病原菌为卡姆帕奇诺卡氏菌(*Nocardia kampachi*),能够引起寄主慢性全身性疾病,症状表现为皮肤溃疡灶和内脏器官肉芽肿。感染诺卡氏菌的病鱼表现为腹部膨大,眼球突出,解剖可见腹腔内大量腹水,肝脏、肾脏和脾脏肿大出血并出现白色或淡黄色结节。大口黑鲈感染诺卡氏菌体表出现溃疡灶和出血点,鳃丝发白并有白色结节,解剖可见肝脏肿大、瘀血并有白色结节(图1-5-9)。

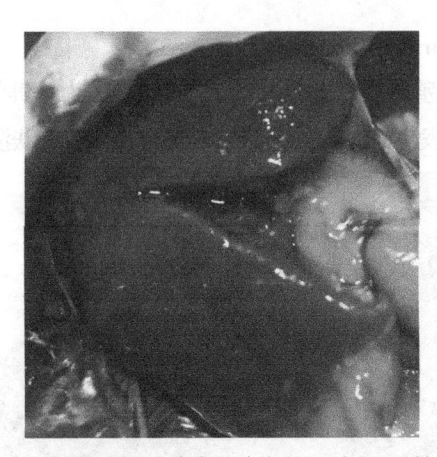

图 1-5-9　感染诺卡氏菌病的病鱼的肝脏(何晟毓,2020)
肝脏肿大,表面有白色结节

2. 水产动物常见细菌性疾病病原体的观察

(1)革兰氏染色。

①取适量制备好的菌液于干净载玻片上进行涂片,使用酒精灯进行固定。涂片不宜过浓厚,固定温度不宜过高;

②滴加结晶紫,染色 1 min,水洗;

③滴加碘液,染色 1 min,水洗;

④滴加 95% 酒精,摇动载玻片,脱色 20~60 s,水洗,使用滤纸吸去水分;

⑤滴加蕃红,染色 1 min,水洗;

⑥使用滤纸吸干水分或自然晾干后,油镜下观察病原体并拍照。

(2)常见细菌性疾病病原体观察。

①嗜水气单胞菌(*Aeromonas hydrophila*)。

将嗜水气单胞菌接种于 LB 培养基,30 ℃恒温培养 18 h 后,形成圆形、表面光滑、中央隆起不透明的菌落(图1-5-10)。该菌经革兰氏染色后在油镜下观察为革兰氏阴性(红色)的短杆状(图1-5-11)。

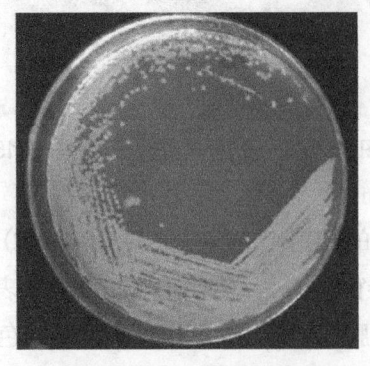

图 1-5-10　嗜水气单胞菌菌落形态(叶诗尧,2014)

图1-5-11　油镜下嗜水气单胞菌的细菌形态

②杀鲑气单胞菌(*Aeromonas salmonicida*)。

杀鲑气单胞菌经革兰氏染色后在油镜下观察为革兰氏阴性(红色)两端钝圆的短杆状(图1-5-12)。

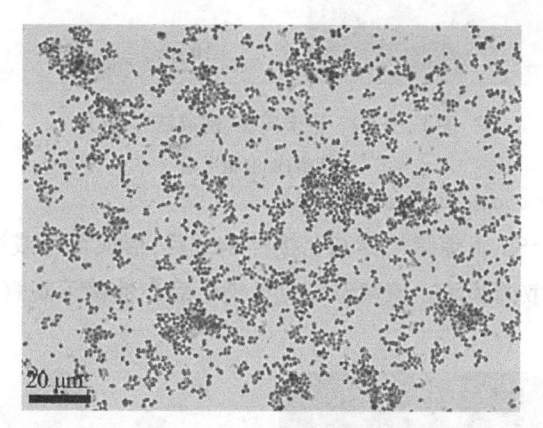

图1-5-12　杀鲑气单胞菌细菌形态(刁菁,2018)

③无乳链球菌(*Streptococcus agalactiae*)。

无乳链球菌经革兰氏染色后在油镜下观察为阳性(蓝紫色)的链状(图1-5-13)。

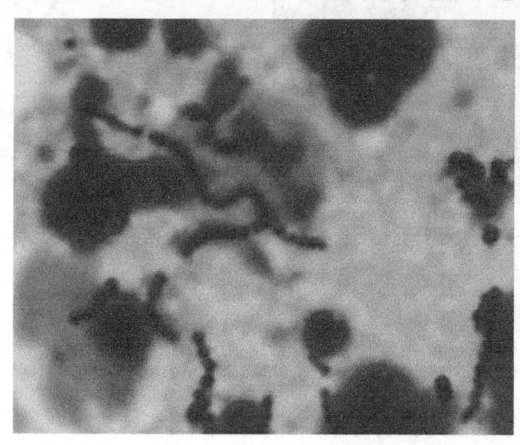

图1-5-13　肝脏涂片中无乳链球菌形态(余泽辉,2014)

④诺卡氏菌(*Nocardia* sp.)。

将诺卡氏菌接种于BHI固体培养基进行培养,形成乳白色或淡黄色砂粒状,边缘不整齐,表面有褶皱的菌落。该菌经革兰氏染色后在油镜下观察为革兰氏阳性(蓝紫色)的分枝状杆菌(图1-5-14)。

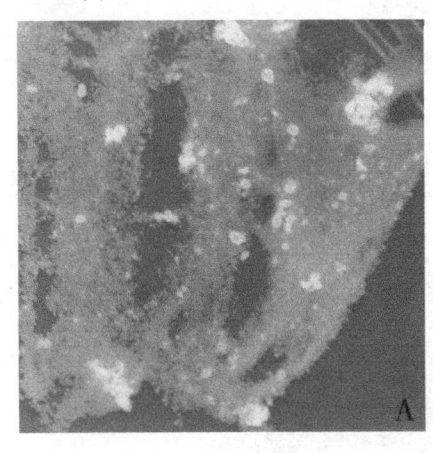

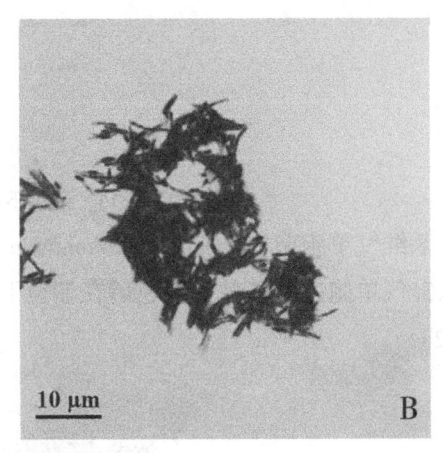

图1-5-14 诺卡氏菌(何晟毓,2020)
A.菌落;B.细菌形态

⑤柱状黄杆菌(*Flavobacterium columnare*)。

柱状黄杆菌接种于Shieh琼脂培养基上接种24 h后,形成黄色或淡黄色,中央隆起,边缘不整齐,呈"根须状"扩散的菌落。该菌经革兰氏染色后在油镜下观察为革兰氏阴性(红色)的直杆状(图1-5-15)。

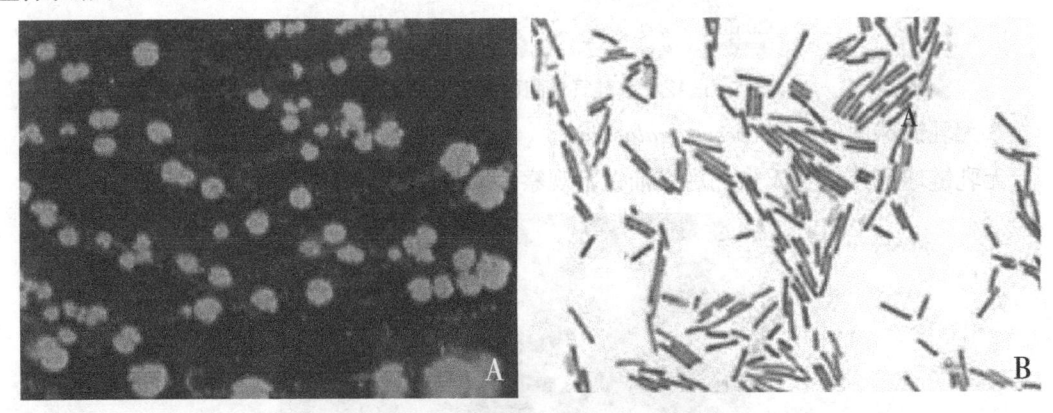

图1-5-15 柱状黄杆菌(黄锦炉,2010)
A.菌落;B.细菌形态

【注意事项】

1.待检查的水产动物标本为活体或濒死的新鲜个体。

2.严格按照实验室相关规定制备细菌观察样品。

3.细菌病原体标本制作过程中应避免杂菌污染。

4.实验过程中做好安全防护工作并严格遵守实验室相关规定。

【思考题】

1.水产动物常见的细菌性疾病有哪些？

2.细菌特殊结构有哪些，各自的功能都是什么？

3.观察多种气单胞菌属疾病病变标本，总结临床症状的异同。

4.细菌病原体标本制作过程中，对不同培养时间的细菌进行染色观察，比较结果差异并查阅相关资料解释可能原因。

【拓展文献】

1.张建明,田甜,张德志.中华鲟幼鱼细菌性烂鳃病的诊断与治疗[J].水产科技情报,2017(5):245-247.

2.王二龙,汪开毓,陈德芳,等.养殖乌鳢内脏结节病的病原分离、鉴定与药物敏感性分析[J].华中农业大学学报,2015,34(5):90-98.

3.何晟毓,魏文燕,刘韬,等.大口黑鲈致死性结节病病原的分离、鉴定及组织病理学观察[J].水产学报,2020,44(2):253-265.

实验 6

水产动物常见鞭毛虫病病变标本与病原体的观察

鞭毛虫是以鞭毛为运动器官,以寄主血液或组织液为营养来源的一类寄生虫。寄生鞭毛虫主要感染鱼类鳃、皮肤等血液丰富的部位而引发疾病,称为鞭毛虫病,是鱼苗鱼种培育过程较常见的一类原生动物疾病(简称原虫病)。鞭毛虫一般肉眼看不见,须借助显微镜观察方可做出准确辨认。

【实验目的】

1. 熟悉常见鞭毛虫病的主要症状。
2. 掌握寄生于水产动物体上各种鞭毛虫的形态特征,为正确诊断水产动物原虫病打下基础。

【实验原理】

鞭毛虫病是由动鞭毛纲(Zoomastigophorasida)锥体科、波豆科、六前鞭毛虫科等科的鞭毛虫寄生于鱼体的皮肤、鳃、血液和肠道等引起寄生虫病。鞭毛虫的主要特征是以鞭毛作为运动器官,一般只有一个细胞核,无性生殖为纵二分裂。引起海水、淡水鱼类苗种患病的常见鞭毛虫有锥体虫、隐鞭虫、口丝虫、六前鞭毛虫等,对鱼体危害较大的鞭毛虫主要有隐鞭虫和鱼波豆虫,严重时可引起患病鱼大量死亡。

锥体虫(*Trypanosoma* sp.)寄生在鱼血液中,生活史中以吸血的节肢动物或水蛭为中间寄主,以脊椎动物为终末寄主。在我国分布较广寄生在淡水鱼类血液中的有鲩锥体虫(*T. ctenopharyngodoni*)、鲢锥体虫(*T. hypophthalmichthysi*)、鳙锥体虫(*T. aristichthysi*)、泥鳅锥体虫(*T. misgurni*)、鳢锥体虫(*T. ophiocephali*)、鳝锥体虫(*T. monopteri*)等多种锥体虫。这些锥体虫的传染途径是通过水蛭寄生于鱼体表或鳃上吸血而引起传染。

隐鞭虫(*Cryptobia* spp.)寄生在无脊椎动物和鱼类,寄生在鱼类的多见于鳃和血液,寄生在吸血水蛭、尺护鱼蛭等中间寄主的常见于肠道,在肠道中进行大量繁殖。寄生在我国淡水鱼类血液中的有泥鳅隐鞭虫(*C. misgurni*)、黄颡隐鞭虫(*C. pseudobagri*)、鲤隐鞭虫(*C. cyprini*),重庆隐鞭虫(*C. chongqingensis*)、鲶隐鞭虫(*C. asota*)、黄冈隐鞭虫(*C. hwangkangensis*)等10多种隐鞭虫。此外,还有两种常见的体外寄生隐鞭虫,为鳃隐鞭虫和颤动隐鞭虫,也可引起鱼病。

口丝虫(*Costia* spp.)又称鱼波豆虫,其中漂游口丝虫(*C.necatrix*)广泛分布于我国主要养鱼区域,寄生在多种淡水鱼类的体表和鳃上造成鱼病。

六前鞭毛虫(*Hexamita* spp.)在我国有较广泛的地理分布,可寄生在多种淡水鱼类的肠、胆囊和膀胱中。已报道的有10余种,如中华六前鞭毛虫(*H.sinensis*),江西六前鞭毛虫(*H.jiangxiensis*),鲂六前鞭毛虫(*H.megalobramae*)。有资料报道,六前鞭毛虫的营养体可在宿主肠道中分裂繁殖,形成卵形包囊,宿主吞食包囊或可能吞食营养体而被感染。

【实验用品】

1. 材料

患鞭毛虫病病鱼活体标本,各种鞭毛虫的活体标本与玻片染色标本。

2. 器具

显微镜、解剖镜、解剖盘、解剖剪、解剖刀、解剖针、镊子、载玻片、盖玻片、微吸管、胶头滴管、纱布、药棉、擦镜纸等。

3. 试剂

蒸馏水、鱼用生理盐水、二甲苯、碘液、聚乙烯醇、甘油、乙醇等。

【实验方法】

1. 水产动物常见鞭毛虫病病变标本的观察

通过肉眼观察患病个体进行初步诊断。病鱼通常表现出体色发黑、消瘦、贫血。有的鞭毛虫寄生在鳃或体表,被寄生部位有大量黏液,有的病鱼体表会形成一层灰白色或淡蓝色的黏液,在病灶出现充血、出血。有的鞭毛虫寄生在病鱼肠道中,在肠上皮里形成肉眼可见的包囊,尤其在草鱼的后肠很常见。

(1)锥体虫病(Trypanosomiasis)。

锥体虫病是由锥体虫(*Trypanosoma* sp.)寄生在鱼的血液中,少量寄生一般看不出异常的病变症状,当大量寄生时可使鱼体瘦弱、贫血。

(2)隐鞭虫病(Cryptobiasis)。

隐鞭虫病是由隐鞭虫(*Cryptobia* spp.)寄生于鱼体鳃部、体表等部位所引起的一种鞭毛虫病。病鱼早期没有明显症状;当病情严重时,病鱼的皮肤和鳃组织受损,病鱼体色发黑,消瘦,鳃瓣鲜红多黏液;病情进一步加重时出现大批量死亡。

(3)鱼波豆虫病(Ichthyobodiasis)。

鱼波豆虫病(又称口丝虫病)是由漂游口丝虫寄生于鱼的皮肤和鳃上所引起的一种鞭毛

虫病。病鱼早期没有明显症状,当鱼波豆虫大量寄生时,皮肤和鳃上黏液增多,肉眼仔细观察可见形成一层灰白色或淡蓝色的膜;当病情进一步加重时,病灶处会充血、发炎、糜烂。当2龄以上的鲤鱼患病严重时,可出现鳞囊内积水并引起竖鳞等症状。

(4)六前鞭毛虫病(Hexamita)。

六前鞭毛虫病是由六前鞭毛虫(*Hexamita* sp.)属的鞭毛虫寄生于鱼的肠、胆囊和膀胱所引起的一种鞭毛虫病。有资料报道,病鱼被六前鞭毛虫寄生后,失去食欲、消瘦、游泳缓慢,解剖病鱼发现肠道有卡他性肠炎与肠黏膜脱屑的症状,在肠上皮里有包囊寄生。

2. 水产动物常见鞭毛虫病病原体的观察

(1)锥体虫(*Trypanosoma* spp.)。

常见的锥体虫有鲩锥体虫(*T. ctenopharyngodoni*)、鲢锥体虫(*T. hypophthalmichthysi*)、鳙锥体虫(*T. aristichthysi*)、泥鳅锥体虫(*T. misgurni*)、鳢锥体虫(*T. ophiocephali*)、鳝锥体虫(*T. monopteri*)等,均寄生于鱼类的血液中。检查时,以微吸管(或注射器)从入鳃动脉或心脏吸取一滴血液,制片后于显微镜下镜检,可见在血细胞之间有扭曲运动的虫体时即可诊断。或将滴加于载玻片上的血滴直接置低倍镜下观察,如在血滴四周可见有活泼运动的虫体但位置移动很少;或将吸取的血液放在培养皿中,待血清析出后取少量血清于载玻片上用显微镜观察,如能看到运动的虫体时亦可诊断。在高倍镜或油镜下观察,锥体虫两端尖细、狭长、形如柳叶,但通常弯曲成"S"形、波浪形或环形,体长一般大于10 μm,最长可达130 μm。卵形或长椭圆形的胞核位于虫体的中部,核内有1个明显的核内体,圆形或卵圆形的动核位于虫体的后端,紧靠动核的前面有1个毛基体(生毛体),由此向前长出1根鞭毛,沿虫体边缘形成1条狭长的波动膜,游离于体前端称为前鞭毛(图1-6-1、图1-6-2)。

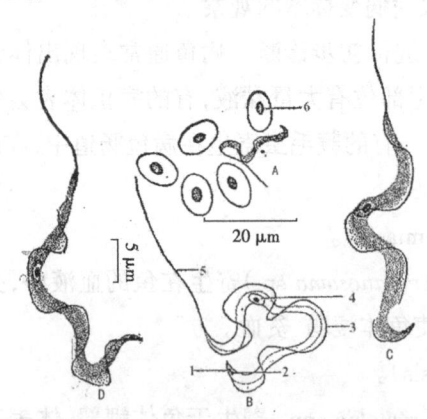

图1-6-1 锥体虫的结构 (仿 陈启鎏)
A.青鱼红细胞与锥体虫;B.锥体虫模式图;C.青鱼锥体虫;D.鳙锥体虫
1.动核;2.生毛体;3.波动膜;4.胞核;5.前鞭毛;6.红细胞

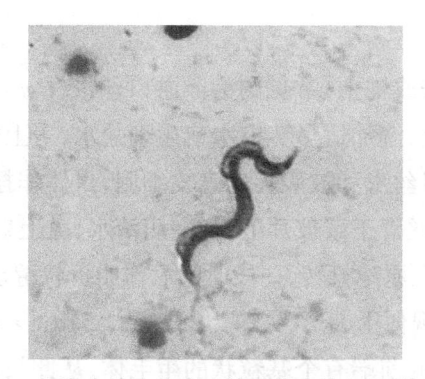

图1-6-2 鳜鱼血液中分离出的锥体虫染色图(仿 顾泽茂)

(2)隐鞭虫(*Cryptobia* spp.)。

常见的隐鞭虫有鳃隐鞭虫(*C.branchialis*)和颤动隐鞭虫(*C.agitata*)。鳃隐鞭虫寄生在草鱼、青鱼、鲢鱼、鳙鱼、鲤鱼、鲫鱼、鳊鱼等鱼的鳃、皮肤和鼻腔,主要危害夏花草鱼;颤动隐鞭虫寄生于鲤鱼、鲮鱼、青鱼、草鱼、鲢鱼、鳙鱼、鲫鱼、鳊鱼等鱼的皮肤和鳃上,主要危害鲤鱼、鲮鱼鱼苗。

鳃隐鞭虫寄生于鱼的鳃或皮肤上。检查时,剪取病鱼少量鳃丝,或刮下鳃上、体表少量黏液,置于清洁的载玻片上,滴加适量蒸馏水或生理盐水,盖上盖玻片,轻压后,先用低倍镜观察,再用高倍镜观察。可看到虫体用后鞭毛插入病鱼鳃的表皮细胞组织,大量寄生时虫体成群地聚集在鳃丝两侧,不断地自由起伏摆动;活体鳃隐鞭虫的细胞质呈淡绿色或无色,常含少量食物粒。染色标本虫体狭长、近似叶片状,前钝圆后尖细,大小为(7.7~10.8)μm×(3.9~4.8)μm。在虫体前端有2个生毛体,各生出1条大致等长的鞭毛(一条为游离于虫体前端的前鞭毛,一条为沿虫体边缘向后伸形成波浪形的波动膜,至虫体后端游离成为后鞭毛)。位于虫体中部有一圆形胞核,在虫体前部位于胞核前面有一同胞核形状和大小差不多的动核。

颤动隐鞭虫寄生在鱼的皮肤或鳃上。虫体比鳃隐鞭虫小,略似三角形。大小为6.7 μm×4.1 μm,生毛体在身体近前端一侧。前、后鞭毛不等长,波动膜不显著。胞核在身体中部,圆形。动核棍棒状,在胞核前面。此虫也像鳃隐鞭虫一样,用后鞭毛插入寄主的皮肤或鳃的表皮组织里,把身体固着在寄主身上。常作抖擞、挣扎状颤动(图1-6-3)。

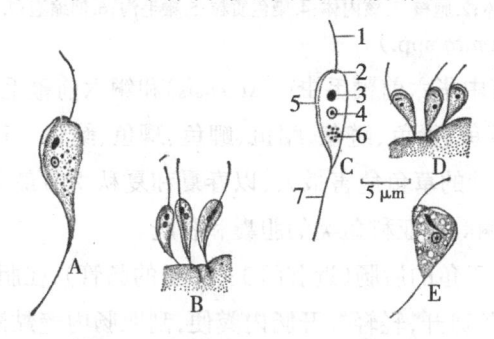

图1-6-3 隐鞭虫的结构(仿 陈启鎏)
A.鳃隐鞭虫;B.寄生在鳃上的颤动隐鞭虫;C.颤动隐鞭虫模式图;D.寄生在鳃上的颤动隐鞭虫;E.颤动隐鞭虫
1.前鞭毛;2.生毛体;3.动核;4.胞核;5.波动膜;6.食物粒;7.后鞭毛

(3)口丝虫(*Costia* spp.)

口丝虫寄生在鱼的皮肤或鳃上,常见的为漂游口丝虫(*C.necatrix*)。检查时,刮取病鱼体表或鳃上黏液置于载玻片上,滴加适量蒸馏水或生理盐水,盖上盖玻片,在显微镜下观察,可看到大量同红细胞大小的口丝虫和被破坏的表皮细胞,虫体作挣扎状颤动,自由游动时作踌躇螺旋形游动;剪下部分鳃丝置于载玻片上,加一滴清水,盖上盖玻片,在显微镜下可见虫体成群地聚集在鳃丝的边缘,在原地打转,一段时间后作曲折状游动。虫体固着时背腹侧扁,侧面观呈梨形或卵形,侧腹面观似汤匙形,大小为(5.5~11.5)μm×(3.1~8.6)μm。鞭毛沟1条,位于虫体侧面一边,鞭毛沟的前端有个基粒状的生毛体,从此长出两根等长而沿鞭毛沟向后伸的鞭毛。胞核圆形,位于身体中央或稍前。核膜周围有染色质粒,中间有一个粗大呈颗粒状的核内体,核内体与周围染色质粒之间,有少许放射状的非染色质丝。伸缩泡1个,位于胞质里(图1-6-4)。

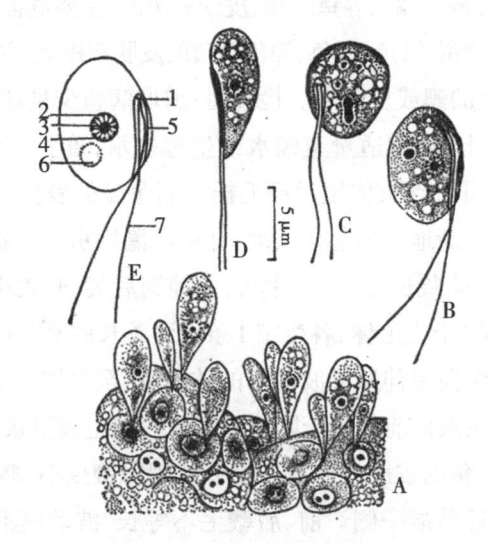

图1-6-4 飘游口丝虫的结构(仿 陈启鎏)
A.寄生在皮肤上的个体;B~D.染色标本;E.模式图
1.生毛体;2.胞核;3.核内体;4.染色质粒;5.鞭毛沟;6.伸缩泡;7.后鞭毛

(4)六前鞭毛虫(*Hexamita* spp.)。

常见的六前鞭毛虫有中华六前鞭毛虫(*H.sinensis*)和鲷六前鞭毛虫(*H.xenocyprini*)。中华六前鞭毛虫主要寄生在草鱼、青鱼、鲢鱼、鳙鱼、鲤鱼、鲫鱼、鲂鱼、黄颡鱼等多种淡水鱼的肠、胆囊和膀胱,特别对1~2龄的草鱼危害最大,以春夏和夏秋季节最为常见。鲷六前鞭毛虫主要寄生于细鳞斜颌鲷、银鲷等鲷亚科鱼类的胆囊和膀胱。

六前鞭毛虫主要寄生于鱼的后肠(近肛门3~6 cm的肠管),在胆囊、膀胱以及肾脏往往也有寄生。检查时,取出后肠剪开,轻轻拨开肠内粪便,刮取肠内壁黏液,置于载玻片上,滴加适量生理盐水,用盖玻片盖上用显微镜镜检。该虫有8根鞭毛,6根向前、2根向后。营养体卵形或圆形,两侧对称背腹扁平,体长5~10 μm,体宽3~9 μm(图1-6-5)。

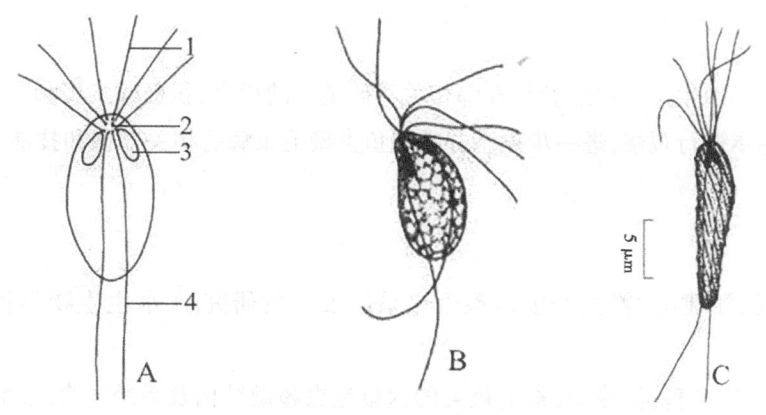

图1-6-5 六前鞭毛虫的结构(仿 张剑英等)
A.模式图;B.中华六前鞭毛虫;C.鲖六前鞭毛虫
1.前鞭毛;2.毛基体;3.胞核;4.后鞭毛

【注意事项】

1.如果鱼小要用较尖细的微吸管取血,吸取的血量少可直接制片镜检。如鱼较大取血量较多,可将吸出的血液先放在玻璃皿中,然后吸取一小滴进行镜检。

2.从入鳃动脉取血时应尽量把血液都吸出来,以免血管内有余血流出沾染鳃瓣而影响对鳃的检查。同时,取血时要注意避免吸管与鳃瓣接触,否则容易产生病原体寄生部位的混乱。

3.从心脏直接取血时,先将鱼头部腹面、两鳃盖之间部位的鳞片去掉,再用尖细的微吸管插入心脏,吸取血液。

4.从尾静脉取血时,用医用注射器从鱼侧线下方约1 cm处下针,再斜向上扎。也可在鱼臀鳍位置的侧线偏下进针,以插入尾静脉取血。

5.对病灶组织进行镜检时,每个部位应取2~3个样品制片检查,制片时体内外组织分别滴加生理盐水和蒸馏水。

6.解剖用具须严格清洗,防止交叉感染和相互污染。

7.对可疑病灶或一时无法确定种类的寄生虫,要用4%~5%甲醛溶液将整个器官保存,以备日后做进一步诊断。

8.镜检锥体虫、隐鞭虫等较小的原虫时,一般先用低倍镜观察,再转换用高倍显微镜才容易辨认。原虫检查完毕,再进一步镜检线虫或血居吸虫等比较大的寄生虫时,可将吸出的血液全置于培养皿中,用生理盐水稀释后用解剖镜或低倍显微镜检查。

【思考题】

1.简述鱼类常见鞭毛虫病病原体的危害对象和的寄生部位。

2.如何初步诊断和确诊鱼类锥体虫病、鳃隐鞭虫病和口丝虫病?简述其诊断过程。

【实验拓展】

借助水产养殖生产实习或参与教师相关科研项目的机会,积极收集患鱼类鞭毛虫病大体标本和病原标本进行观察,进一步熟悉并掌握鱼类鞭毛虫病的相关知识和技能。

【拓展文献】

1. 肖武汉,汪建国.鲷类寄生六鞭毛虫系统发育的研究[J].水生生物学报,2000,24(2):122-127.
2. 吴英松,鲁义善,汪建国.寄生鱼类的六鞭毛虫超微结构及系统发育[J].水生生物学报,2003,27(2):201-207.
3. 汪开毓,王鹏,李永良,等.南方大口鲶锥体虫病初报[J].科学养鱼,2000(5):32-33.
4. 王权,沈杰.锥虫疫苗的研究进展[J].中国兽医寄生虫病,1999,7(4):49-53.

实验 7
水产动物常见孢子虫病病变标本与病原体的观察

孢子虫是一类无运动胞器并在寄生原生动物中种类最多、分布最广和危害性较大的寄生虫。主要寄生于鱼类(少数寄生在两栖类和爬行类)的皮肤、鳃、鳍、肠、肌肉和内脏等器官组织,其中有多种孢子虫在寄生部位可形成孢囊,从而引发的寄生原虫病,称为孢子虫病。有的孢子虫可引起水产动物大批死亡或丧失商品价值;有的还是口岸检疫对象,如尼氏单孢虫、脑黏体虫等。孢子虫是鱼苗鱼种培育或成鱼养殖过程中较常见的寄生原虫,其形态结构须在高倍镜下采用玻片压展法或载玻片法进行观察才能做出确切辨认。

【实验目的】

1. 熟悉常见孢子虫病的主要症状、流行范围和传播途径。
2. 了解孢子虫对水产动物的危害性和主要危害对象。
3. 掌握寄生于水产动物有关器官组织中的孢子虫的形态结构特征,为正确诊断和防治水产动物孢子虫病打下基础。

【实验原理】

孢子虫病是由孢子纲(Sporozoa)、微孢子纲(Microsporea)、星孢子纲(Stellatosporea)和黏孢子纲(Myxosporea)中的艾美球虫科、格留科、匹里科、碘泡虫科、黏体虫科、两极虫科、四极虫科、单极虫科等科的孢子虫寄生于水产动物(主要是鱼类)体内外有关器官组织所引起的一类寄生虫病。孢子虫在其整个生活史中都会产生孢子,包括无性阶段的裂殖生殖和有性阶段的配子生殖,可在一种或两种不同寄主体内完成。水产动物常见的孢子虫病包括艾美球虫病、黏孢子虫病、微孢子虫病和单孢子虫病四大类。

艾美虫(*Eimeria* spp.)隶属真球虫目、艾美球虫科,主要寄生在鱼类消化道等器官的黏膜与黏膜下层,严重时可引起肠道穿孔,寄生于肌层较少,浆膜层最少。其繁殖方式包括裂殖生殖、配子生殖和孢子生殖三个阶段,不需要更换寄主,在一个寄主体内完成其生活史。我国寄生鱼类的艾美球虫种类有30种左右。如青鱼艾美球虫、住肠艾美球虫、鳙艾美球虫、中华艾美球虫、鲤艾美球虫、船丁鱼艾美球虫等。

黏孢子虫(*Myxosporidia*)隶属黏孢子纲,寄生于鱼类的大约有1000种,几乎可以广泛寄生在多种鱼类的各种组织器官,全年都有发现,没有明显的季节变化,分布很广。随着集约化养殖技术水平的提高和养殖品种的增多,其危害性大大增加。黏孢子虫中,有些种类的生活史和感染途径尚不清楚,尤其是寄生海水鱼类的黏孢子虫,但一般认为所有黏孢子虫的生活史必须经过裂殖生殖与配子形成两个阶段,通过孢子传播来感染宿主。

微孢子虫(*Microsporidia*)隶属微孢子纲、微孢子目,是一类主要危害鱼类、昆虫和甲壳动物的微小寄生虫。已知微孢子虫有800种,寄生于鱼类的有70种,其中寄生于淡水鱼的有30多种,寄生于我国鱼类的微孢子虫有4科4属,常见的种类如格留虫科格留虫属中的赫氏格留虫(*Glugea hertwigi*)、肠格留虫(*Glugea intestinalis*)。微孢子虫的生活史中,包括孢子、分裂体、母孢子和成孢子。孢子是微孢子虫的感染期,也是其生活史中唯一可在宿主细胞外生存的发育阶段,成熟的孢子含有极管(又称极丝)。危害海水鱼类、淡水鱼类的微孢子虫寄生于病鱼多种组织器官,在水产动物寄生虫疾病中,是一类危害较大的疾病。

单孢子虫(*Haplosporidium*)隶属星孢子纲,我国只有肤孢子虫(*Dermocystidium* spp.)1属。主要寄生在软体动物、环节动物和节肢动物等无脊椎动物和低等脊椎动物体上如鱼类,也有超寄生于复殖吸虫或线虫的幼虫体内的单孢子虫。其孢子的寄生形式有细胞寄生、组织寄生和腔寄生。孢子结构中无极囊和极丝,较为简单。

【实验用品】

1. 材料

具有典型孢子虫病症状的水产动物,水产动物常见的孢子虫病病原体。

2. 器具

生物显微镜、解剖镜、解剖盘、解剖剪、解剖刀、解剖针、尖(圆)头镊子、载玻片、盖玻片、胶头滴管、纱布、药棉、擦镜纸等。

3. 试剂

0.65%生理盐水、二甲苯、碘液、香柏油、甘油、乙醇。

【实验方法】

1. 水产动物常见孢子虫病病变标本的观察

鱼类孢子虫病的患病个体,通常表现出体色发黑,鱼体消瘦等外观症状,被寄生部位大多肉眼可见白色或淡黄色孢囊,孢囊着生处往往充血发炎。有的病鱼腹部膨大,有的体表被孢子虫寄生处的肌肉溶解而形成凹陷,有的病鱼身体失去平衡,在水面侧向一边游泳打转,有的尾椎弯曲、尾部上翘等。通过肉眼观察这些症状可对孢子虫病进行初步诊断。

(1)艾美虫病(Eimeriasis)。

艾美虫病是由艾美虫(*Eimeria* spp.)寄生在多种海水鱼、淡水鱼的肠、幽门垂、肝脏、胆囊、肾脏和鳔等器官所引起的一种孢子虫病。当艾美虫大量寄生时可在寄生处形成白色的卵囊团，可导致病鱼体十分消瘦等。如：鱼类轻微感染青鱼艾美虫时没有明显症状；严重感染时，病鱼体色发黑，鳃瓣呈苍白色，腹部略膨大，剖开鱼腹，可见前肠比正常的粗2~3倍，肠壁上有许多白色小结节，肠壁充血发炎，病灶周围组织溃烂，产生白色的脓汁，甚至肠壁溃疡穿孔，肠外壁也可形成结节状病灶。鲗艾美虫常寄生在1足龄以上鲢、鳙鱼的肾脏。大量寄生时，可导致病鱼贫血和鳞囊积水，部分鳞片竖起，腹部膨大，腹腔腹水，眼球外突，肝脏颜色变土黄，肾脏颜色变淡，最终引起病鱼逐渐死亡。

(2)黏孢子虫病(Myxosporidiosis)。

黏孢子虫病是由黏孢子虫(*Myxosporidia*)主要寄生在多种海水鱼、淡水鱼(少数寄生在两栖类和爬行类)的皮肤、鳃、鳍和内脏各器官组织所引起的一类孢子虫病。分碘泡虫病、黏体虫病、单极虫病和尾孢虫病四类，被黏孢子虫寄生的病鱼组织器官通常有肉眼可见的白色孢囊。

①碘泡虫病。

被碘泡虫(*Myxobolus*)寄生的病鱼体表、鳃、肌肉、心脏、肠道、中枢神经及感觉器官可形成肉眼可见的乳白色球形孢囊。

鲢碘泡虫病，又称疯狂病：是由鲢碘泡虫(*M.drjagini*)寄生于白鲢的神经系统(如脑、脊髓、脑颅腔内拟淋巴液、神经)和感觉器官(如嗅觉系统和平衡、听觉系统等)形成大小不一、肉眼可见的白色孢囊所引起的一种孢子虫病。病鱼体色暗淡，无光泽，极度消瘦，头大尾小，尾部上翘。解剖病鱼可见肠内无食物，肝、脾萎缩，有的腹腔积水；鳔后室常萎缩成颗粒状，肌肉暗淡，无光泽(图1-7-1、图1-7-2)。

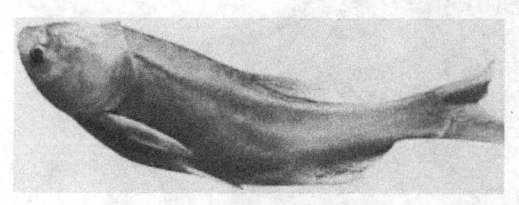

图1-7-1 患鲢碘泡虫病的白鲢(仿 王伟俊)

患病白鲢消瘦，尾上翘

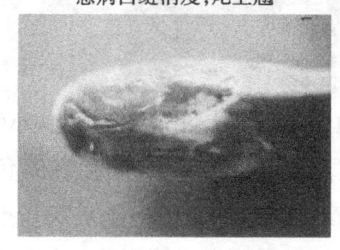

图1-7-2 患病鲢颅腔内的白色孢囊(仿 王伟俊)

野鲤碘泡虫病：是由野鲤碘泡虫(*M.koi*)寄生于夏花鲮鱼、鲤鱼、鲫鱼的体表、鳍、鳃等处形成许多灰白色点状或瘤状的孢囊所引起的一种孢子虫病。孢囊由寄主形成的结缔组织膜包围,该虫可导致感染鱼丧失商品价值或死亡(图1-7-3、图1-7-4)。

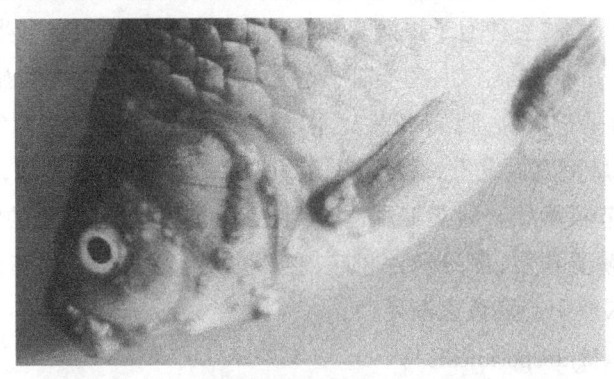

图1-7-3　患野鲤碘泡虫病鲫体表的孢囊(仿 陈辉)

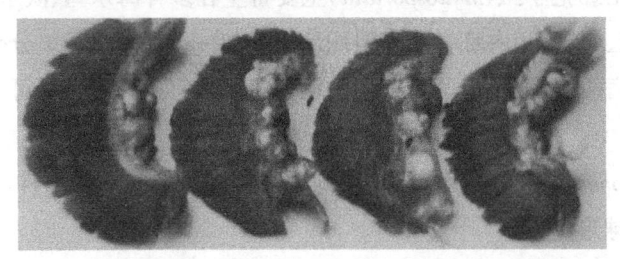

图1-7-4　患野鲤碘泡虫病鲤鳃弓上出现大量白色孢囊(仿 汪开毓)

异形碘泡虫病：是由异形碘泡虫(*M.dispar*)寄生在鲢鱼、鳙鱼的鳃上而形成许多针尖大小的白色孢囊所引起的一种孢子虫病。病情严重时病鱼瘦弱,头大尾小,背似刀刃,体表失去光泽,鳃盖两侧常充血,鳃丝呈紫红色,黏液增多。该病主要危害鱼苗、鱼种(图1-7-5)。

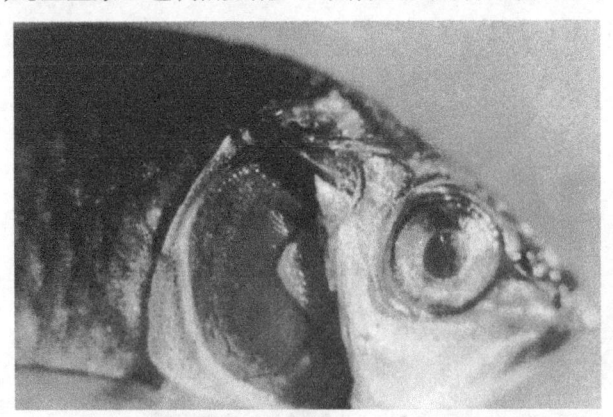

图1-7-5　患异形碘泡虫病鲤鳃丝上出现大量针尖大小的白色孢囊(仿 汪开毓)

圆形碘泡虫病：是由圆形碘泡虫(*M.ratundus*)寄生在鲫鱼、鲤鱼的口腔、头部、鳃弓、鳍条上形成许多肉眼可见的白色孢囊所引起的一种孢子虫病。孢囊被寄主形成的结缔组织膜包围,大孢囊由多个小孢囊融合而成,孢囊着生部位充血、出血(图1-7-6、图1-7-7、图1-7-8)。

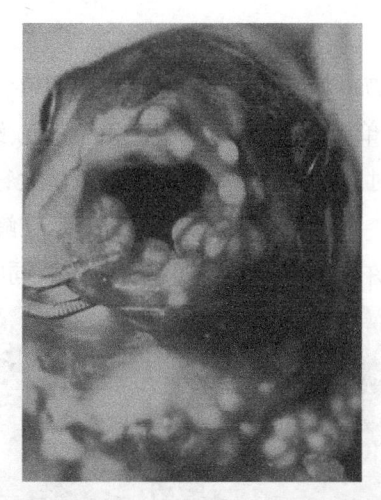

图 1-7-6　患圆形碘泡虫病鱼口腔周围有大量白色孢囊(仿 王伟俊)

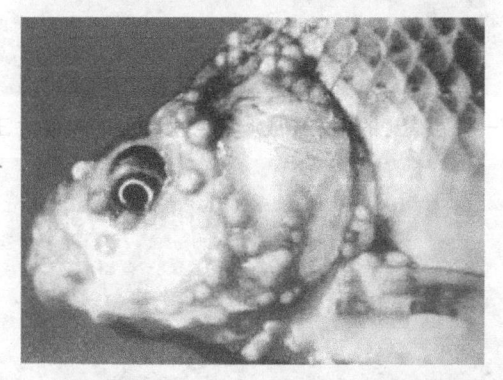

图 1-7-7　患圆形碘泡虫病鱼头部有大量白色孢囊(仿 王伟俊)

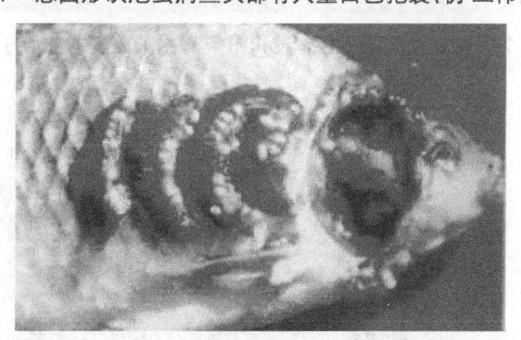

图 1-7-8　患圆形碘泡虫病鱼鳃弓上有大量白色孢囊(仿 王伟俊)

②黏体虫病。

黏体虫病是由黏体虫(*Myxosoma*)寄生在鱼体内部器官,少数寄生在鱼的体表和鳃部所引起的孢子虫病。如,中华黏体虫(*M.sinensis*)寄生于鲤鱼肠的内、外壁,及胆、脾、肾、膀胱等内脏器官,形成肉眼可见的芝麻状乳白色孢囊;寄生在虹鳟、大西洋鲑等鲑科鱼类头骨与脊椎骨的软骨组织的脑黏体虫(*Myxosoma cerebralis*),可导致鱼追逐自身尾部而旋转运动,尾部发黑,后期通常会留下眼后部凹陷,下颌不能闭合或折弯等后遗症。

③单极虫病。

单极虫病是由单极虫(Thelohanellus)寄生于鲤鱼、鲫鱼、乌鳢等鱼体的皮肤、鳃、肠壁等处所引起的孢子虫病。如，鲮单极虫(T.rohitae)，寄生在鲤鱼、鲫鱼、鲮鱼的体表和体内各器官。当虫体大量寄生在鱼体表时，由于病原体的孢囊逐渐增大，迫使被寄生处的鳞片竖起(图1-7-9、图1-7-10、图1-7-11)。吉陶单极虫(T.kitauei)寄生在鲤鱼、散鳞镜鲤、松浦镜鲤的前、中肠的内壁，并在肠腔内形成许多大孢囊，将肠管堵塞胀粗，同时导致腹腔积水，肝变苍白。

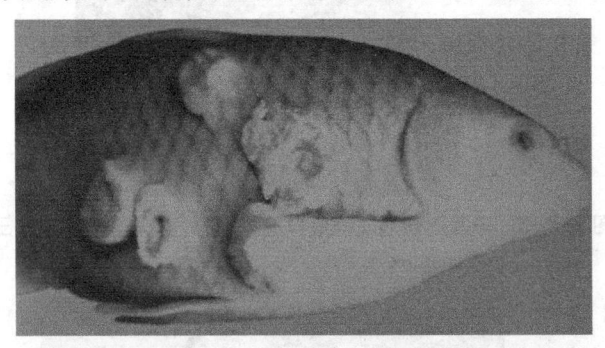

图1-7-9　患病鲤的体表形成淡黄色鲮单极虫孢囊(仿 王伟俊)

图1-7-10　患病鲤的体表和鳍条寄生的鲮单极虫(仿 汪开毓)

图1-7-11　患病鲫的体表寄生大量鲮单极虫(仿 汪开毓)

④尾孢虫病。

尾孢虫病是由尾孢虫寄生在鳜鱼、乌鳢、斑鳢等鱼类的鳃、体表等处形成白色、黄色孢囊所引起的孢子虫病。常见的尾孢虫有微山尾孢虫(Henneguya weishanensis)和中华尾孢虫(H.

sinensis),微山尾孢虫通常寄生于鳜鱼的鳃上,往往形成由多个白色小孢囊融合而成的瘤状或椭圆形的大孢囊;中华尾孢虫一般寄生于乌鳢、斑鳢的体表、鳃及内脏器官,形成淡黄色、不规则、肉眼可见的孢囊(图1-7-12)。

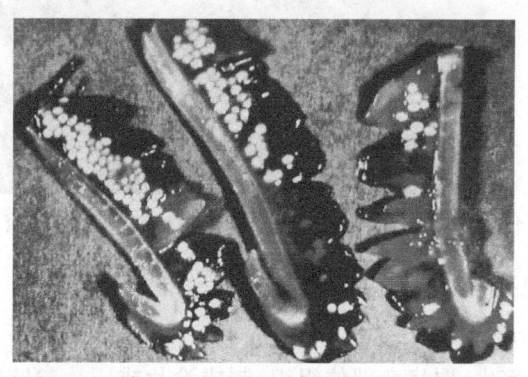

图1-7-12 患病鱼的鳃上有大量尾孢虫孢囊(仿 Dekinkelin p)

(3)微孢子虫病(Microsporidiasis)。

微孢子虫病是由一类主要危害鱼类、昆虫和甲壳动物的微孢子虫所引起的孢子虫病。

在水产动物疾病中危害较大的常见微孢子虫有赫氏格留虫(*Glugea hertwigi*)和肠格留虫(*G.intestinalis*),隶属微孢子目,单丝亚目(Monocnidea),微粒子科(Nosematidae),格留虫属(*Glugea*)。赫氏格留虫主要寄生在草鱼、鲤鱼、鲫鱼、鲢鱼、鳙鱼、鳊鱼等鱼的肠、肾、脂肪、鳃、皮肤等,肠格留虫主要寄生在青鱼的肠等部位。两种虫体在寄生部位都能形成2~3 μm乳白色孢囊,虫体大量寄生时,可使鱼体细胞肿胀,同时引起鱼体严重变形。虹鳟等鲑科鱼类感染后,初期外表症状不明显,解剖病重的鱼体发现在体侧肌肉有大量孢囊样的营养型团块(图1-7-13)。

图1-7-13 患微孢子虫病的鲑鱼(仿 烟井喜司雄)
患病鲑鱼体侧肌肉解剖观有大量孢囊样营养型团块

(4)单孢子虫病(Haplosporidiasis)。

单孢子虫病是由单孢子虫(*Haplosporidian*)寄生在软体动物、环节动物和节肢动物等无脊椎动物和低等脊椎动物(如,鱼类体上)所引起的孢子虫病。我国仅见肤孢虫(*Dermocystidium* spp.),主要寄生于鱼的鳃、体表(包括鳍等)。寄生在鲤鱼、镜鲤、草鱼、青鱼体表的野鲤肤孢虫,寄生在鲈鱼、青鱼、鲢鱼、鳙鱼鳃上的鲈肤孢虫,寄生在斑鳢鳃上的广东肤孢虫,可分别形成肉眼可见的线形、香肠形和带形的灰白色孢囊(图1-7-14)。

图1-7-14　患病鲤背鳍基部、鳃盖和眼眶上的肤孢虫（仿 杜军）

2. 水产动物常见孢子虫病病原体的观察

（1）艾美虫（*Eimeria* spp.）。

艾美虫为细胞内寄生，取病变部位组织，制成涂片或压片，光镜下可见圆形或椭圆形的卵囊，卵囊直径为6～14 μm，外面有一层厚、坚硬而透明的卵囊膜；成熟的卵囊内有4个呈卵形的孢子囊，每个孢子囊外被有透明的孢子囊膜，膜内有2个呈长形稍弯曲并相互颠倒排列的孢子体和1个孢子残余体，每个孢子体有1个胞核。在卵囊膜内有卵囊残余体和1～2个极体（图1-7-15）。

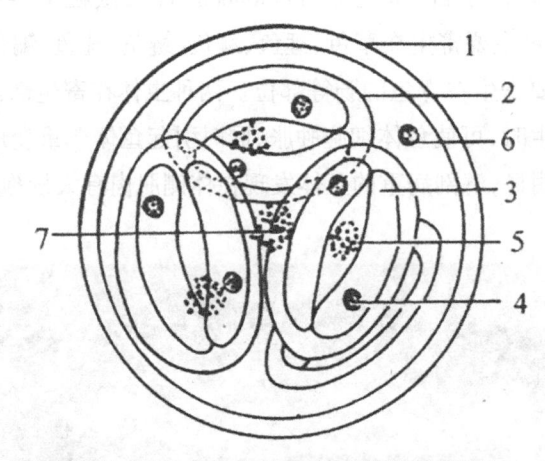

图1-7-15　青鱼艾美虫卵囊模式图（仿 陈启鎏）

1.卵囊膜；2.孢子囊与孢子囊膜；3.孢子体；4.胞核；5.孢子囊残余体；6.极体；7.卵囊残余体

（2）黏孢子虫（*Myxosporidia*）。

检查方法：取孢囊压成薄片进行镜检。每一孢子由2~7片（多数为2片）几丁质壳片构成。两壳片相连处为缝线，缝线两侧增厚或突起形成脊状结构的缝脊。有缝脊的面称缝面（又称侧面），无缝脊的一面称壳面（又正侧面）。孢子内有1~7个呈球形、梨形或花瓶形的极囊（多数为2个），通常位于孢子的前端（相对的一端称后端），有的种类的极囊分布于孢子的两端。极囊内有丝状或带状呈螺旋盘曲的极丝，受到刺激时极丝可从极囊前端的开孔伸出。极囊外有胞质，胞质内有2个胚核，有的种类还有1个嗜碘泡（图1-7-16）。

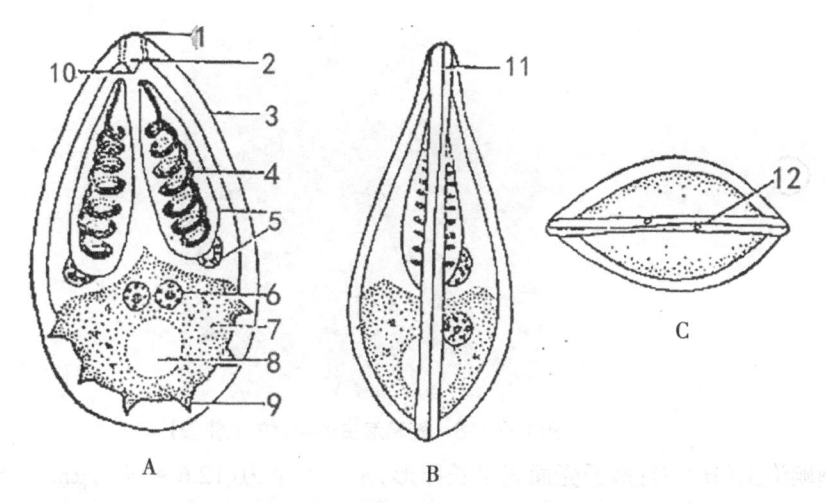

图1-7-16 黏孢子虫孢子的结构(仿《湖北省鱼病病原区系图志》)

A.孢子壳面观(正面观);B.孢子缝面观;C.孢子顶面观
1.前端;2.极囊孔;3.孢壳;4.极丝;5.极囊和极囊核;6.胚核;
7.胞质;8.嗜碘泡;9.后褶皱;10.囊间突;11.缝线与缝脊;12.极丝的出孔

①碘泡虫(*Myxobolus*)。

碘泡虫的孢子一般呈卵形、梨形、椭圆形,表面光滑或具褶皱,共列于孢子的一端,胞核不易见到,胞质中有1个明显的嗜碘泡。

鲢碘泡虫(*M.driagini*):孢子壳面观呈椭圆形或卵形,孢子大小为(10.8~13.2)μm×(7.5~9.6)μm,前有2个大小不等的梨形极囊,其旁有明显的极囊核,胞质内有1个明显的嗜碘泡(图1-7-17、图1-7-18)。

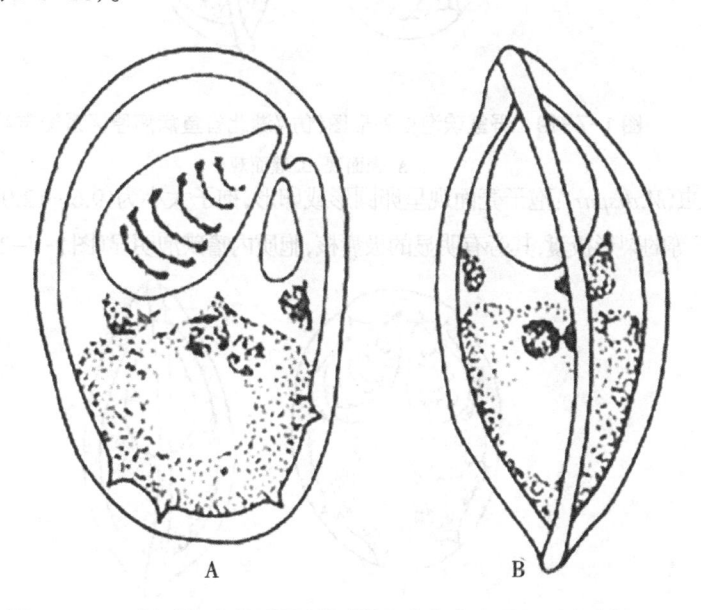

图1-7-17 鲢碘泡虫外形图(仿《湖北省鱼病病原区系图志》)
A.壳面观;B.缝面观

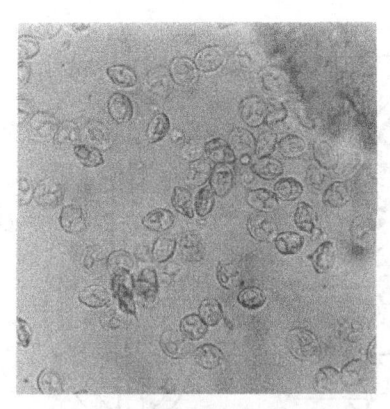

图1-7-18　鲢碘泡虫形态（仿 王伟俊）

野鲤碘泡虫(*M.koi*)：孢子壳面观呈长卵形，孢子大小为(12.6～14.4)μm×(6.0～7.8)μm，前有2个大小约等的瓶状极囊，胞质内嗜碘泡明显（图1-7-19）。

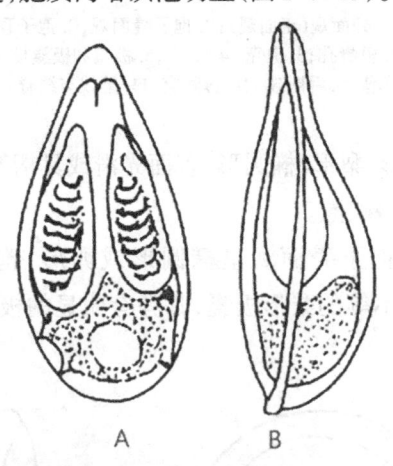

图1-7-19　野鲤碘泡虫外形图（仿《湖北省鱼病病原区系图志》）
A.壳面观；B.缝面观

异形碘泡虫(*M.dispar*)：孢子壳面观呈卵圆形或卵形，孢子大小为(9.6～12.0)μm×(7.2～9.6)μm，前有2个大小不等的梨形极囊，其旁有明显的极囊核，胞质内嗜碘泡明显（图1-7-20、图1-7-21）。

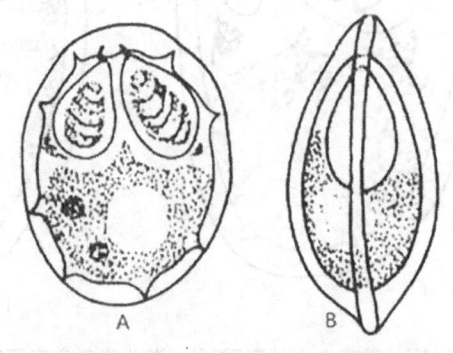

图1-7-20　异形碘泡虫外形图（仿《湖北省鱼病病原区系图志》）
A.壳面观；B.缝面观

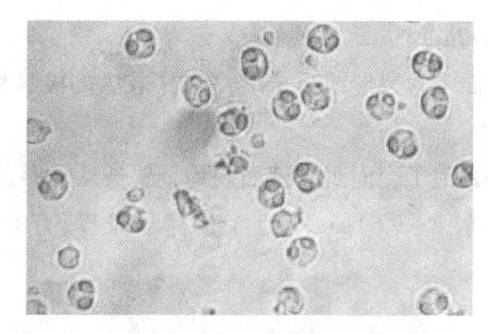

图1-7-21　异形碘泡虫形态(仿 汪开毓)

圆形碘泡虫(*M.ratundus*):孢子壳面观近圆形,孢子大小为(9.4~10.8)μm×(8.4~9.4)μm,前有2个椭圆形极囊,胞质内嗜碘泡明显。

②黏体虫(*Myxosoma*)。

黏体虫属的孢子壳面观呈圆形、卵形、椭圆形,两个梨形的极囊位于前端,无嗜碘泡,这是与碘泡虫最大的区别。

中华黏体虫(*M.sinensis*):孢子壳面观呈长卵形或卵圆形,孢子大小为(8.0~12.0)μm×(8.4~9.6)μm,有2个梨形极囊,无嗜碘泡(图1-7-22)。

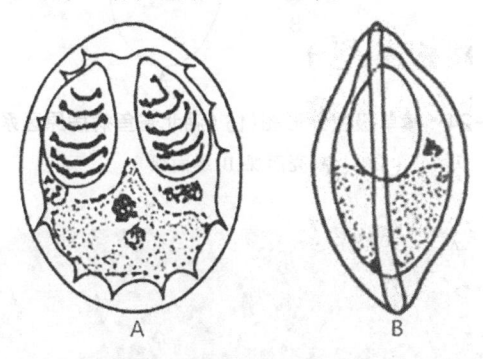

图1-7-22　中华黏体虫外形图(仿《湖北省鱼病病原区系图志》)
A.壳面观;B.缝面观

脑黏体虫(*Myxosoma cerebralis*):孢子壳面观两端钝圆,前宽后狭,孢子大小为(12.0~15.6)μm×(7.8~9.0)μm,前有2个大小相同的长梨形极囊,无嗜碘泡(图1-7-23)。

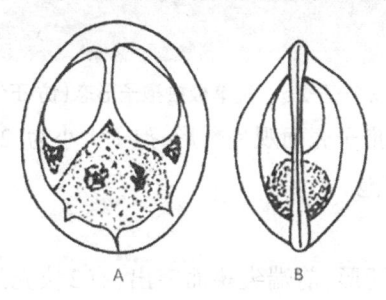

图1-7-23　脑黏体虫外形图(仿《湖北省鱼病病原区系图志》)
A.壳面观;B.缝面观

③单极虫(*Thelohanellus*)。

单极虫属的孢子壳面观为梨形或瓜子形,有1个较大的极囊和1个明显的嗜碘泡,极丝粗而明显盘绕于极囊内。

鲮单极虫(*T.rohitae*):孢子壳面观与缝面观均呈狭长瓜子形,后端钝圆,前端尖细,孢子大小为(26.4～30.0)μm×(7.2～9.6)μm,有1个棍棒形极囊,有1个嗜碘泡(图1-7-24、图1-7-25)。

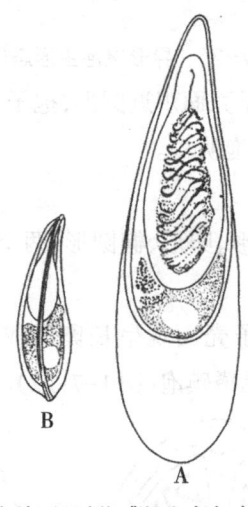

图1-7-24　鲮单极虫外形图(仿《湖北省鱼病病原区系图志》)
A.壳面观;B.缝面观

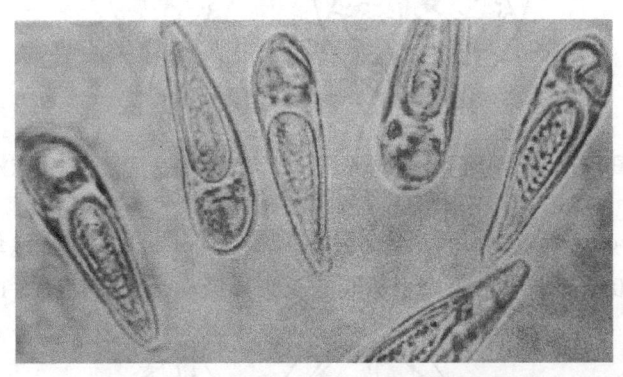

图1-7-25　鲮单极虫孢子形态(仿 王伟俊)

吉陶单极虫(*T.kitauei*):孢子壳面观呈梨形,孢子大小为(23.0～29.0)μm×(8.0～11.0)μm,有1个瓶形极囊,有1个嗜碘泡。

④尾孢虫(*Hennepuya*)。

微山尾孢虫:孢子呈纺锤形,前端尖狭而突出,有2块壳片,并向后延伸达50～70 μm,呈细长的尾部,孢子大小为(11.2～15.0)μm×(6.25～6.87)μm,前有2个大小一致的梨形极囊,嗜碘泡明显(图1-7-26、图1-7-27)。

图 1-7-26　中华尾孢虫外形图(仿 陈启鎏)
A.壳面观；B.缝面观

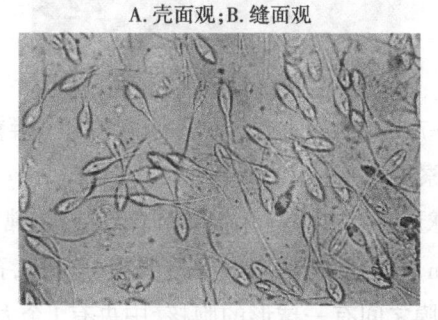

图 1-7-27　尾孢虫的形态(仿 汪开毓)

(3)微孢子虫的形态观察。

微孢子虫(*Microsporidia*)的孢子呈梨形、卵圆形或椭圆形等，孢子长 2～10 μm，内部构造需借助电镜观察才能看清楚。孢子外有孢膜 3 层，前端有极帽 1 个，中后部有核 1 个，极泡前后部分别呈松散的薄片状和颗粒状；极丝呈管状，基部附着在极帽上并斜行穿过极泡，然后呈螺旋状盘绕在孢质和极泡后部的周围，末端变膨大而呈杯状或囊状。如危害较大且常见的格留虫(*Glugea*)，其孢子呈圆形或卵形，前端稍狭，后端较宽。孢子大小为(3.0～6.0)μm×(1.0～4.0)μm，有 1 个极囊，胞质内有 1 个圆形胞核，1 个卵形液泡(图 1-7-28、图 1-7-29)。

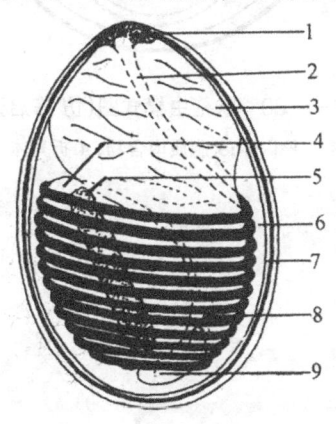

图 1-7-28　微孢子虫模式图(仿 Putz and McLaughlin)
1.极帽；2.极丝基部；3.极泡(层状区)；4.孢子质；5.核；6.极丝；
7.孢子膜；8.极丝的囊状末端；9.极泡(颗粒区)

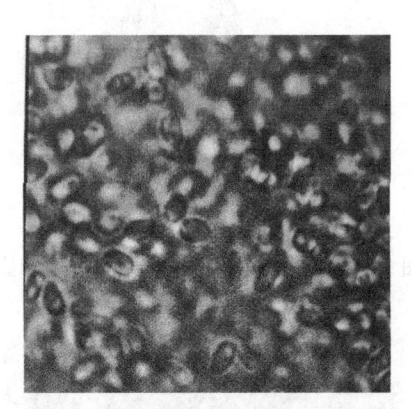

图1-7-29　成熟的武田微孢子虫形态(仿 烟井喜司雄)

(4)单孢子虫的形态观察。

单孢子虫的孢子呈圆球形,结构简单,无极囊和极丝。如,常见的肤孢虫(*Dermocystidium* spp.),其孢子直径4~14 μm,孢子的外围有一层透明膜(胞膜),孢子内偏心位置有一大且呈圆形的折光体,折光体与胞膜之间有一球形的胞核,中央有1个大而着色深的核内体,胞质里散布着少许大小不一的胞质内含物,没有极囊和极丝(图1-7-30、图1-7-31)。

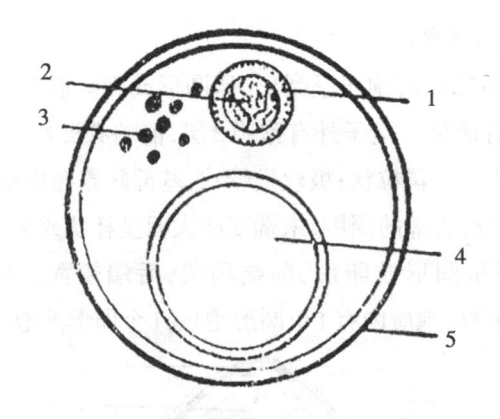

图1-7-30　肤孢虫模式图(仿 陈启鎏)
1.细胞核;2.核内体;3.胞质内含物;4.折光体;5.胞膜

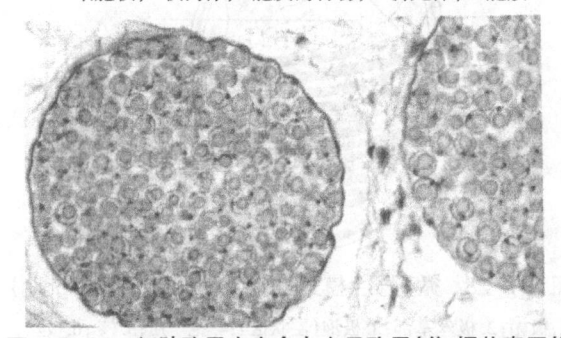

图1-7-31　鲤肤孢子虫内含有大量孢子(仿 烟井喜司雄)

【注意事项】

1. 观察水产动物新鲜的病变标本时,不要急于将寄生虫制片镜检或取出观察,应先观察其在宿主体上自然的寄生状况或病灶部位的病变特点。

2. 观察药物浸泡的水产动物病变标本时,不得取出瓶内标本来观察。

3. 孢子虫在宿主寄生部位通常形成孢囊,镜检时先观察孢囊形态、大小等,再刮取或剪取适量孢囊采用载玻片法或压展法制片观察,并注意先低倍镜观察,再转高倍镜下观察。

4. 解剖用具须严格清洗,以防交叉感染和相互污染而引起误判。

【思考题】

1. 简述孢子虫的基本结构特征。

2. 寄生于水产动物体上的孢子虫有哪几类?举例说明各类孢子虫寄生的主要对象及相应的患病症状。

3. 简述碘泡虫、黏体虫、单极虫、尾孢虫、两极虫、四极虫的异同。

4. 什么叫鲢"疯狂病",简述其主要症状。

【实验拓展】

借助水产养殖生产实习或参与教师相关科研项目的机会,积极收集鱼类孢子虫病大体标本和病原标本并进行细致观察,进一步加深和巩固鱼类孢子虫病的相关知识。

【拓展文献】

1. 杨玉凤,李小玲,刘剑霞.鲤鱼孢子虫病最新防治方法[J].渔业致富指南,2006(11):40.

2. 何绍朋.鱼孢子虫病的防治[J].四川农业科技,2001(6):23.

3. 戴朝方.黑龙江省鲫鱼粘孢子虫病及其综合防治技术[J].黑龙江水产,2019(3):27-30.

4. 闻秀荣,于翔.鲤鲫粘孢子虫病防治技术[J].水产科学,2005,24(4):27-29.

实验 8

水产动物常见纤毛虫病病变标本与病原体的观察

纤毛虫是以纤毛作为运动细胞器兼取食器官的一类真核单细胞原生动物。其种类超过1万种,其中有少数为寄生种类。寄生纤毛虫是对水产动物危害性较大的一类寄生虫,可寄生在鱼、虾、蟹、贝等多种水生动物的鳃、体表、肌肉、肠等组织器官而引起病害。在水产动物养殖过程中,一旦爆发寄生纤毛虫病,往往导致水产动物大量死亡,对养殖生产带来严重危害,造成较大的经济损失。纤毛虫的形态结构及种类须在显微镜下才能做出准确辨认。

【实验目的】

1. 熟悉常见寄生纤毛虫病的主要症状。
2. 了解寄生纤毛虫对水产动物危害的主要对象、流行范围和传播途径。
3. 掌握寄生于水产动物各器官组织中纤毛虫的形态结构特征,为正确诊断和防治水产动物寄生纤毛虫病打下基础。

【实验原理】

水产动物纤毛虫病是由纤毛虫纲(Ciliata)斜管科(Chilodonellidae)、壶形科(Urceolariidae)、凹口科(Ophryoglenidae)、肠袋科(Balantidiidae)、累枝科(Epistylidae))、叶饺科(Amphileptidae)与枝管科(Dendrosomidae)等的纤毛虫寄生于鱼、虾、蟹等水产动物的体表、鳃等部位所引起的一类寄生虫病。以纤毛作为运动细胞器是纤毛虫的主要特征,在结构上还具有胞口、口前庭、胞咽、大核(营养核)、小核(生殖核)、伸缩泡、食物粒等细胞器。水生种类繁多,部分为寄生种类。其繁殖方式包括有性生殖和无性生殖,有性生殖为接合生殖,无性生殖有出芽生殖和横二分裂。纤毛虫滋养体为圆形或椭圆形,无色透明或呈淡绿灰色。危害水产动物的常见寄生纤毛虫主要有斜管虫、小瓜虫、车轮虫、小车轮虫、肠袋虫、吸管虫、固着类纤毛虫等。

斜管虫(Chilodonella spp.)隶属管口目、斜管科,我国常见的鲤斜管虫(C.cyprini)寄生于鲤鱼、鲫鱼、草鱼等多种淡水鱼的皮肤、鳃等部位,在全国各地广泛分布,能引起严重鱼病。

小瓜虫(*Ichthyophthirius* spp.)隶属膜口目、凹口科,为一类肉眼可见的大型原生动物。其中多子小瓜虫(*I.multifiliis*)寄生在多种淡水鱼的鳃、体表、鳍条等部位引起严重鱼病,病鱼死亡率极高。

车轮虫(*Trichodina* spp.)和小车轮虫(*Trichodinella* spp.)隶属缘毛目、壶形科,较常见的显著车轮虫(*Trichodina noblis*)、眉溪小车轮虫(*T.myakkae*)等寄生在多种海、淡水鱼类和咸淡水鱼类的鳃、体表等部位,春夏秋冬四季均有发生,严重感染主要在热天季节,可引起病鱼大量死亡。

肠袋虫(*Balantidium*)隶属毛口目、肠袋科,分布于全国各地,一年四季均有发生,以夏秋季为多。我国常见的有鲩肠袋虫(*B. ctenopharyngodoni*)、多泡肠袋虫(*B. polyvacuolum*)华鲮肠袋虫(*B.sinilabeoi*),分别寄生于草鱼、细鳞斜颌鲴和华鲮的后肠,肠袋虫的检出率极低,感染强度弱。

吸管虫(*Suctoria* spp.)隶属吸管目、枝管科、毛管虫属,我国常见的中华毛管虫(*Trichophrya sinensis*)、湖北毛管虫(*Trichophrya hupehensis*)等,分布广泛,寄生于多种淡水鱼的鳃和皮肤,能引起鱼病,严重时可导致病鱼死亡。

固着类纤毛虫包含的种类较多,均属于缘毛目、固着亚目中的一些种类。对鱼、虾、蟹的苗种危害较大的主要有聚缩虫(*Zoothamnium*)、累枝虫(*Epistylis*)、钟虫(*Vorticella*)、单缩虫(*Carchesium*)、杯体虫(*Apiosoma*)等,主要寄生于鱼苗、鱼种及各生长发育期虾、蟹的鳃和体表,严重时将引起感染对象大量死亡。

【实验用品】

1. 材料

患寄生纤毛虫病的鱼、虾、蟹活体标本,有关纤毛虫玻片染色标本(固定标本),水产动物体上寄生纤毛虫的视频资料。

2. 器具

显微镜、解剖镜、解剖盘、解剖剪、解剖刀、解剖针、镊子、载玻片、盖玻片、胶头滴管、纱布、药棉、擦镜纸等。

3. 试剂

鱼用生理盐水、二甲苯、碘液、香柏油、甘油、乙醇。

【实验方法】

1. 水产动物常见寄生纤毛虫病病变标本的观察

取患病的鱼、虾、蟹活体标本,通过肉眼观察其鳃、体表(包括头、躯干、鳍等)、口腔等部位,明确寄生纤毛虫所引起的发病症状。当虫体少量寄生时,寄主通常无明显症状;当寄主被严重感染时,往往引起寄生处黏液增多,在鳃、体表形成增厚的黏液层而引起组织损伤,有的还在患病鱼体表、鳍条或鳃上着生肉眼可见的许多小白点,有的病鱼出现体色发黑、消瘦等症状。通过对这些症状的肉眼观察,可对寄生纤毛虫病做出初步诊断。具体的肉眼观察诊断方法和顺序可参见实验1进行。

(1)斜管虫病(Chilodonelliasis)。

斜管虫病是由鲤斜管虫(*Chilodonellcyprinia*)寄生在淡水鱼的皮肤、鳃和鳍上所引起的纤毛虫病。对该虫最敏感的是草鱼、鲢鱼、鳙鱼、鲤鱼、鲫鱼等鱼的幼鱼。大量虫体寄生于鱼的皮肤和鳃部时,可见病鱼体表和鳃上因受虫体刺激而分泌大量黏液,在病鱼皮肤表面形成一层苍白色或淡蓝色黏液层。有时患病鱼体因与实物摩擦而使表皮发炎、坏死脱落;鱼苗被鲤斜管虫寄生时,有时出现拖泥症状。

(2)车轮虫病(Trichdiniasis)。

车轮虫病是由寄生在鱼类的鳃、皮肤与鳍条上的车轮虫(*Trichodina* spp.)和小车轮虫(*Trichodinella* spp.)所引起的纤毛虫病。虫体少量寄生时,病鱼没有明显症状;严重感染时,引起病鱼的组织发炎,分泌大量黏液。在鱼苗体上车轮虫较密集的部位,如鳍、头部、体表发白,在水中观察尤为明显。下塘10天左右的鱼苗受害时,可见鱼苗成群沿塘边狂游,口腔充满黏液,嘴闭合困难,不摄食,呈"跑马"现象,鱼体消瘦(图1-8-1)。

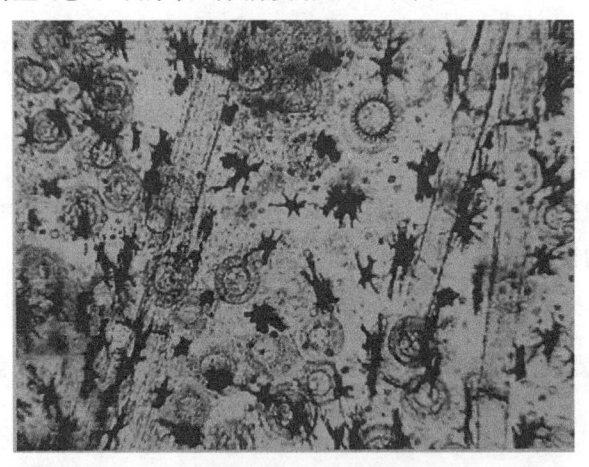

图 1-8-1 鱼的鳍条上寄生有大量车轮虫(仿 古井壮一)

(3)小瓜虫病(Ichthyophthiriasis)。

小瓜虫病是由多子小瓜虫(*Ichthyophthirius multifliis*)寄生在淡水鱼类的鳃、皮肤和鳍条上所引起的纤毛虫病。小瓜虫在钻入寄生处表皮细胞里生长发育而形成1 mm以下的白色小点状囊泡,故又称白点病。当虫体大量寄生或病情严重时,鱼的躯干、头、口腔等处都布满小白点状囊泡,同时根据病情的严重程度,伴有黏液增多、皮肤糜烂、脱落、蛀鳍、瞎眼、体色发黑、消瘦等症状(图1-8-2)。

图1-8-2 患小瓜虫病金鱼体表出现大量小白点（仿 汪开毓）

(4) 固着类纤毛虫病（Sessilinasis）。

固着类纤毛虫病是由常见的聚缩虫（*Zoothamnium*）、累枝虫（*Epistylis*）、钟虫（*Vorticella*）、单缩虫（*Carchesium*）、杯体虫（*Apiosoma*）等多种固着类纤毛虫寄生在鱼苗、鱼种的鳍条、鳃，以及处于各生长发育期的虾、蟹的鳃、附肢和体表所引起的纤毛虫病。虫体少量寄生时，寄主无明显症状；当被虫体大量固着时，被寄生部位明显可见大量毛绒状物；患病虾、蟹鳃部被寄生时呈现黑色或黄色，提起病蟹可见其附肢下垂，用手触摸体表和附肢明显有滑腻感（图1-8-3）。

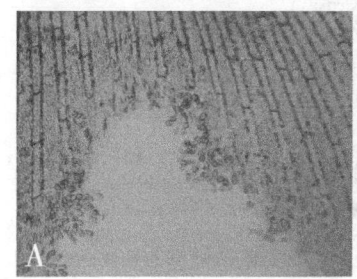

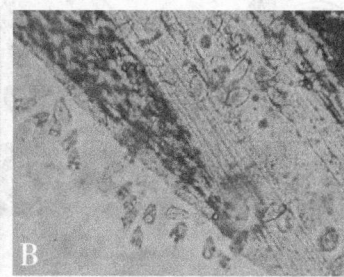

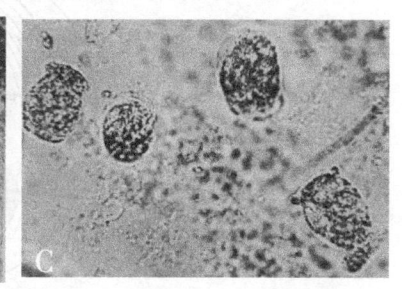

图1-8-3 固着类纤毛虫在鱼体上的着生部位
A.寄生在鱼苗尾鳍上的累枝虫（仿 王伟俊）；B.寄生在鳍条上的钟形虫（仿 汪开毓）；
C.寄生在鳃上的杯体虫（仿 汪开毓）

(5) 毛管虫病（Trichophryiasis）。

毛管虫病是由常见的中华毛管虫（*Trichophryiasis*）寄生于草鱼、青鱼、鲢鱼、鳙鱼等淡水鱼的鳃和体表上所引起的纤毛虫病，最易感染夏花草鱼。虫体少量寄生时，对鱼危害小；大量寄生时，可见病鱼寄生处黏液增多，呼吸上皮细胞受损引起呼吸困难而死（图1-8-4）。

图1-8-4 寄生在鳃上的毛管虫（仿 Dexter R）

(6)肠袋虫病(Balantidiasis)。

肠袋虫病是由肠袋虫属(*Balantidium*)的一些种类寄生于各龄草鱼的后肠所引起的纤毛虫病。解剖可见后肠充血发炎、溃疡以及肠系膜脂肪有出血斑点症状。

2. 水产动物常见寄生纤毛虫病病原体的观察

(1)鲤斜管虫(*Chilodonella*)。

活体观察方法为刮取病鱼体表或鳃上黏液,或剪下部分鳃丝,制成水浸片在显微镜下镜检。腹面观虫体呈卵圆形,后端稍凹入;侧面观虫体背面隆起,腹面平坦。虫体大小为(40~60)μm×(25~47)μm,其背面前端左侧有1行粗硬的刚毛,腹面左侧有9条纤毛线,右侧有7条纤毛线(每条纤毛线上长着等长的纤毛)。腹面前中部,有一喇叭状的口管,口管末端弯曲处是胞咽。细胞质通常无色透明,其中有时存在大量食物粒。镜检苏木素染色标本,能见虫体中部后端有1个近圆形或卵形大核,大核后面有球形小核,在虫体前部偏左和后部偏右有2个伸缩泡(图1-8-5、图1-8-6)。

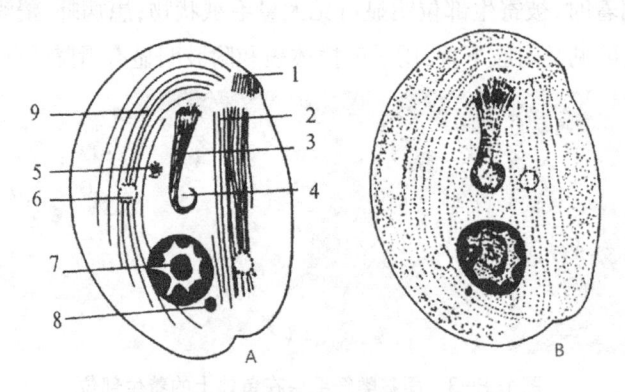

图1-8-5 鲤斜管虫模式图(仿 陈启鎏)
A.模式图;B.染色标本
1.刚毛;2.左腹纤毛线;3.口管与刺杆;4.胞咽;5.食物粒;6.伸缩泡;7.大核与核内物;8.小核;9.右腹纤毛线

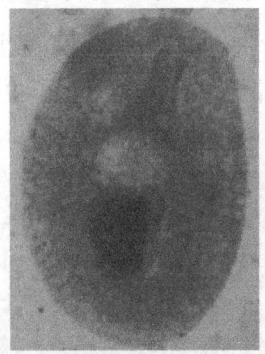

图1-8-6 鲤斜管虫形态(仿 汪开毓)

(2)车轮虫(*Trichodina* spp.)。

活体观察方法为刮取病鱼体表或鳃上黏液,或剪下部分鳃丝,制成水浸片在显微镜下镜检。可见虫体运动时像车轮转动样前进（故名车轮虫）。其直径大小为24.2～89.0 μm。虫体隆起的一面叫前面（或称口面），相对凹入的一面为后面（或称反口面）。侧面观似一只毡帽，反口面观呈圆碟状。口面上有1口沟，向左或反时针方向环绕，车轮虫口沟绕体330°～450°，小车轮虫口沟绕体180°～270°。口沟下连接胞口，胞口与胞咽相连。口沟两侧各着生1行纤毛，形成口带，直达前庭腔。在胞咽一侧有1个伸缩泡。在前腔旁有1个呈马蹄形或香肠形大核，其一侧有1个小核。反口面中部内凹而形成附着盘，用此吸附于宿主体上。反口面最明显的构造有一齿环（由多个齿体彼此衔接而成，齿体由齿钩、锥部和齿棘组成），在齿环外有1圈由辐线组成的辐线环，在辐线环外有1圈透明的缘膜。沿反口面边缘、缘膜之上环生1圈较长的纤毛，称后纤毛带，其上、下各有1圈较短的纤毛，分别称上缘纤毛和下缘纤毛。镜检硝酸银染色的显著车轮虫（*T.nobillis*）标本，能见虫体呈碟形，附着盘中心表现均匀的黑色，齿体的锥部较瘦小，齿钩扇形，钩柄长而细小，齿棘呈细长的针状，长度大于齿钩；在高倍镜下能见到纤毛和反口面观的辐射环，在辐射环上方有一马蹄形的大核，短柱形或球形或纺锤形的小核，位于大核左臂前部外缘（图1-8-7）。

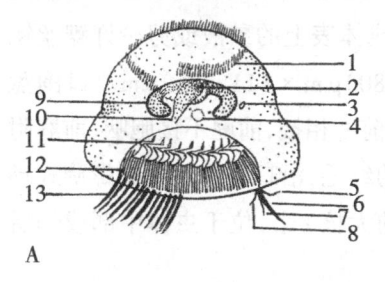

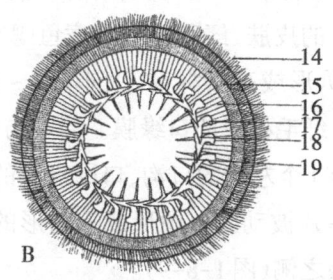

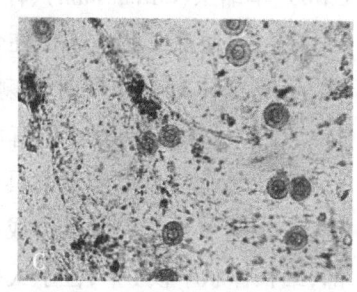

图1-8-7 车轮虫的形态结构

A.模式图（侧面观）（仿《湖北省鱼病病原区系图志》）；B.反口面（仿 孟庆显，1993）；C.车轮虫反口面观形态（仿 汪开毓）
1.口沟；2.胞口；3.小核；4.伸缩泡；5.上缘纤毛；6.后纤毛带；7.下缘纤毛；8.缘膜；9.大核；10.胞咽；11.齿环；12.辐线；13.后纤毛带；14.纤毛；15.缘膜；16.辐线环；17.齿环；18.齿体；19.齿棘

(3) 小瓜虫（*Ichthyophthirius*）。

活体观察方法为刮下病鱼体表上的小白点囊泡，或剪下有小白点的鳍，放在盛有清水的白瓷盘中，用2枚解剖针轻轻挑破小白点外膜，连续多挑几个，肉眼可见有虫体从囊泡滚出游动。或刮取病鱼体表或鳃上黏液，或剪下部分鳃丝，制成水浸片在显微镜下镜检，清晰可见多子小瓜虫（*Ichthyophthirius multifiliis*）。成虫呈卵形或球形，大小为(0.3～0.8)mm×(0.35～0.5)mm。活的虫体柔软，可任意变形，全身密生均匀短细的纤毛。胞口位于腹面近前端，似人的"外耳"或"6"字形；大核和小核各1个，大核位于虫体中部，呈马蹄形或香肠状，小核球形，紧贴于大核之上，不易看到。刚从孢囊内钻出来的幼虫呈圆筒形，不久就变成扁鞋底形，全身除密布短而均匀的纤毛外，在虫体后端还有一根粗长的尾毛，大核椭圆形或卵圆形，多在虫体的后方，小核球形，在虫体的前半部。洋红染色的成虫标本，虫体中部呈马蹄形或香肠状的大核以及紧贴其上的球形小核更加清晰可见。胞质内能见多种伸缩泡和食物粒（图1-8-8）。

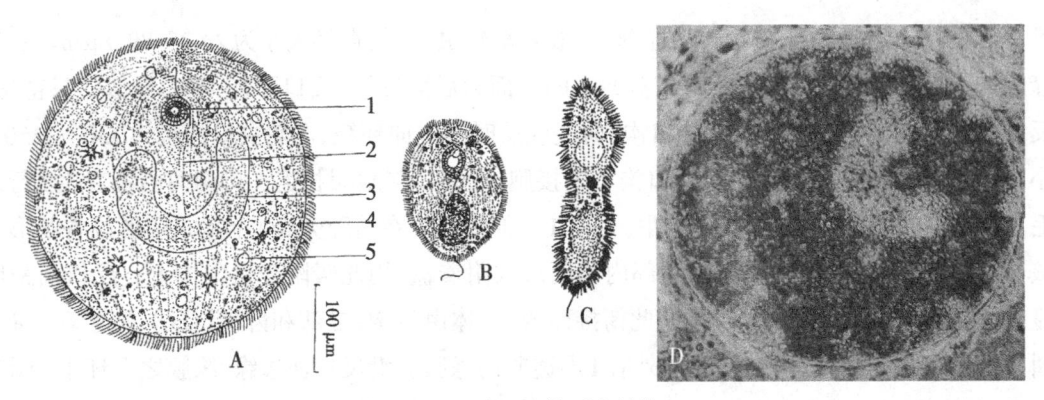

图 1-8-8　小瓜虫的形态结构
A.成虫；B、C.幼虫；D.小瓜虫成虫形态（A-C仿 倪达书；D仿 George P）
1.胞口；2.纤毛线；3.大核；4.食物粒；5.伸缩泡（仿 倪达书）

(4) 固着类纤毛虫。

常见且危害较大的固着类纤毛虫有聚缩虫（Zoothamnium）、累枝虫（Epistylis）、钟虫（Vorticella）、单缩虫（Carchesium）、杯体虫（Apiosoma）等。杯体虫为淡水鱼类常见的固着性纤毛虫类外寄生虫，通常成丛地寄生在鱼的皮肤、鳍和鳃。取病鱼鳃或体表上的黏液或剪少许鳃丝镜检，可见虫体充分伸展时呈喇叭形或高脚杯形，大小（14～80）μm×（11～25）μm。口围盘1个，位于身体前端，其周围有由纤毛构成的口缘膜。后端与前庭相接，前庭不接胞咽，前庭附近有1个伸缩泡。口围盘内具有1个左旋的口沟，口围盘上的纤毛，沿口沟作反时针螺旋式环绕，一直向下到前腔而融合成一片波动膜。圆形或三角形的大核1个，位于虫体中部或偏后部，细长棒状小核1个，位于大核之侧（图1-8-9）。

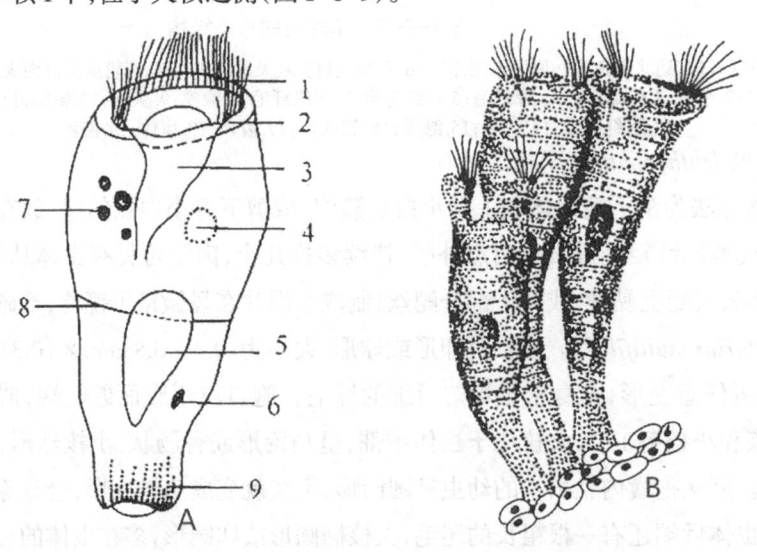

图 1-8-9　杯体虫形态结构（仿 陈启鎏，1956）
A.模式图；B.活体
1.口缘膜；2.口围盘；3.前腔与胞咽；4.伸缩泡；5.大核；6.小核；7.食物粒；8.纤毛带；9.附着器

除杯体虫外,聚缩虫、单缩虫、累枝虫、钟虫等都是对鱼、虾、蟹尤其是对虾、蟹幼体危害性较大的固着性纤毛虫。刮取患病对象体表附着物少许制成水封片镜检,可见这几种纤毛虫。这几种虫的虫体外部形态基本相似,呈倒钟形,身体前端均具口围盘,周围有纤毛,虫体内有带状、马蹄状或椭圆形大核和1个小核,大核纵位,伸缩泡一至多个。但其活体存在形式和虫体的基本结构却有一定区别。在聚缩虫、累枝虫、钟虫和单缩虫4种虫体中,除钟虫为单体存在外,其他3种均为群体存在。该4种虫体均有柄;但累枝虫的柄内无肌丝,不能伸缩;聚缩虫是群体同步收缩;单缩虫群体不能同时收缩。聚缩虫的肌丝收缩时呈"Z"形,钟虫和单缩虫的肌丝收缩时呈螺旋形。聚缩虫的围口唇很宽,主柄粗,个体长平均为40～60 μm。单缩虫个体大小(80～125)μm×(38～60)μm,累枝虫个体大小(90～190)μm×(48～90)μm,钟虫个体大小(80～125)μm×(38～60)μm。大核纵位,伸缩泡1个(图1-8-10、图1-8-11、图1-8-12、图1-8-13、图1-8-14)。

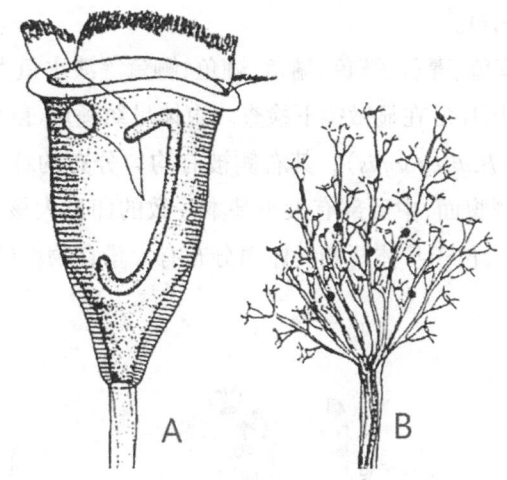

图1-8-10 树状聚缩虫外形图(仿 沈韫芬)
A.单体成员;B.群体,示柄的分枝形式

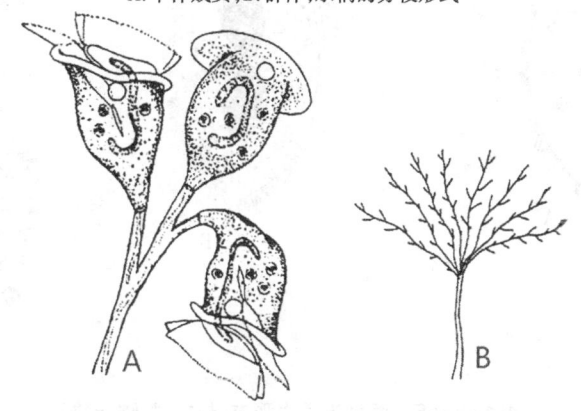

图1-8-11 螅状独缩虫(单缩虫)外形图(仿 沈韫芬)
A.群体的一部分;B.群体,示柄的分枝形式

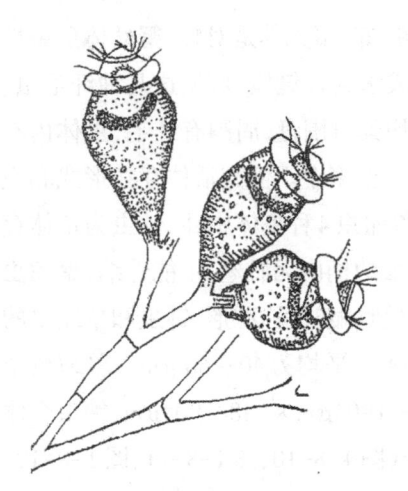

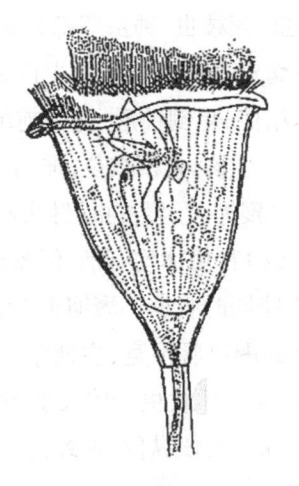

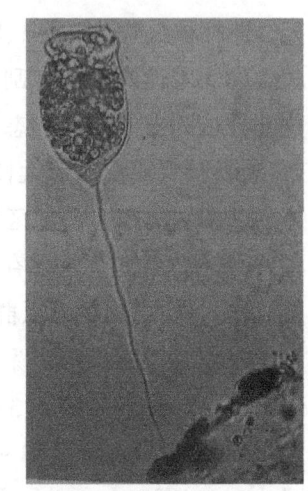

图1-8-12 瓶累枝虫分枝的一部分　　图1-8-13 钟虫的形态　　图1-8-14 钟虫（仿 Herber R）

(5) 半眉虫（*Hemiophrys*）。

半眉虫主要寄生在草鱼、青鱼、鲢鱼、鳙鱼、鲤鱼、鲫鱼等淡水鱼类的鳃和皮肤组织。寄生病灶处可见孢囊，取孢囊压片后在显微镜下检查。虫体呈纺锤形（巨口半眉虫 *H. macrostoma*）、卵形或圆形（圆形半眉虫 *H. disciformis*）。其右侧被有均匀分布的纤毛，左侧完全裸露。裂缝状的口沟位于虫体的左侧腹面，中后部有大小基本一致的卵形大核2个，球形小核1个，位于两大核之间。伸缩泡多个，位于身体两侧。体内分布有大量食物粒（图1-8-15）。

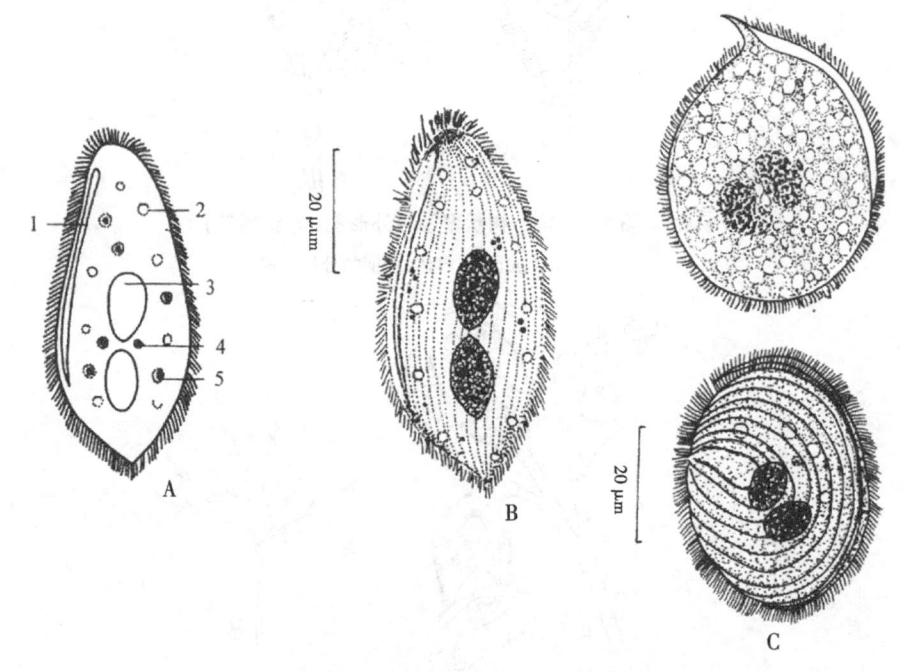

图1-8-15 两种半眉虫形态结构（仿 陈启鎏）
A.巨口半眉虫（模式图）；B.巨口半眉虫染色标本；C.圆形半眉虫
1.口沟；2.伸缩泡；3.大核；4.小核；5.食物粒

(6)毛管虫(*Trichophya*)。

检查方法：取病鱼鳃上或体表黏液，或剪下少许鳃丝制成水浸片镜检。可见毛管虫通常无固定的形状，有呈圆形、卵形或多种不规则形，虫体大小为(31.0~81.3)μm×(15.0~56.3)μm；中华毛管虫(*T.sinensis*)身体前端有1束放射状的吸管；大核1个，粗棒状或香肠状；小核1个，球形，位于大核后侧或位置不固定；在大核前方有1个伸缩泡常有大量大小和性状不一的食物粒；具伸缩泡3~5个(图1-8-16)。

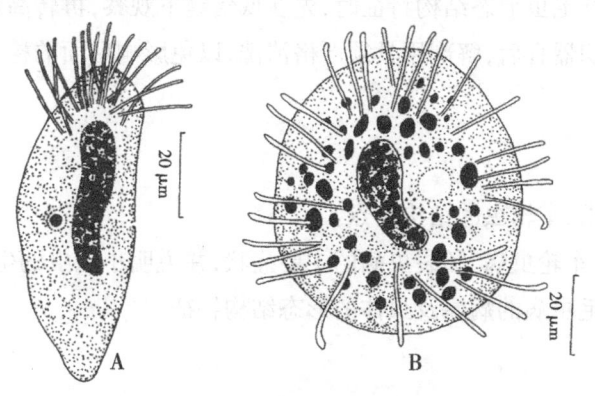

图1-8-16 毛管虫形态
A.中华毛管虫；B.湖北毛管虫

(7)肠袋虫(*Balantidium*)。

检查方法：取草鱼后肠黏液制成水浸片镜检。可见虫体呈纺锤形或卵形，大小为(40.0~81.0)μm×(22.0~48.0)μm；虫体游动活泼，细胞质淡黄色，体被均匀一致的纤毛，构成纵列的纤毛线；胞口1个，近椭圆形，位于前端腹面，下紧接胞咽；胞口左缘有1列粗而长的口纤毛；肾形大核1个，位于虫体中央靠后部，其凹面处有球形小核1个；3个伸缩泡位于虫体中后部，胞内有许多大小不一的食物粒；身体末端有一呈小凹陷的肛孔与外界相通(图1-8-17)。

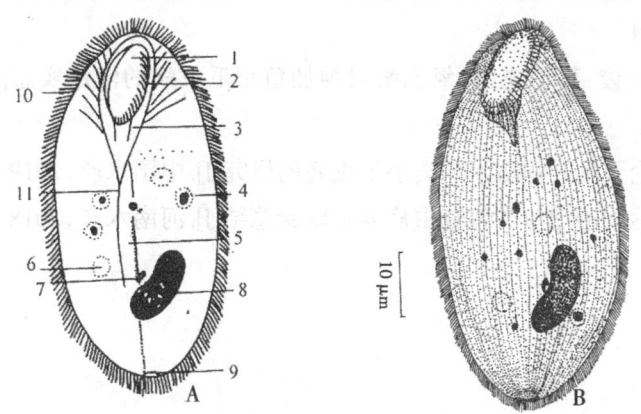

图1-8-17 鲩肠袋虫的形态结构(仿 陈启鎏)
A.模式图；B.染色标本
1.胞口；2.口纤毛；3.胞咽；4.食物粒；5.纤毛线；6.伸缩泡；7.小核；
8.大核；9.肛孔；10.周围纤维；11.轴纤维

【注意事项】

1. 注意小瓜虫孢囊与孢子虫孢囊的区别。
2. 观察药物浸泡的病变标本时,不得取出瓶内标本观察。
3. 小瓜虫如在体表或鳃等寄生部位已形成孢囊,可直接用刀片刮取孢囊压片镜检。如未见孢囊,则刮取黏液制成水浸片后镜检。
4. 观察辨认寄生纤毛虫形态结构特征时,先在低倍镜下观察,再转高倍镜下观察。
5. 检查完每一组织器官后,解剖用具须严格清洗,以免影响后面的检查结果。

【思考题】

1. 绘图说明小瓜虫、车轮虫的结构特点。
2. 简述小瓜虫病、车轮虫病、肠袋虫病的主要症状,并说明小瓜虫的生活史。
3. 简述固着类纤毛虫病的病原及虫体的形态结构特征。

【实验拓展】

借助水产养殖生产实习或参与教师相关科研项目的机会,积极收集鱼、虾、蟹等水产动物纤毛虫病大体标本和病原标本并进行细致观察,进一步加深和巩固鱼、虾、蟹等水产动物纤毛虫病的相关知识,掌握相关技能。

【拓展文献】

1. 姚嘉赟,徐洋,袁雪梅,等.丁香酚的分离及其杀多子小瓜虫活性研究[J].水产科学,2016,35(6):669-674.
2. 区超华,钟楚俊,贺顺连.过氧乙酸对神仙鱼小瓜虫病的治疗实验[J].河北渔业,2019,302(2):21-24.
3. 宋晨光.浅论天然产物防治鱼类小瓜虫病的研究[J].中国水产,2019(4):89-91.
4. 王健华.青蒿末治疗鱼类斜管虫病养殖试验总结[J].河南水产,2018(5):15-16.

实验 9

鱼类常见单殖吸虫病和复殖吸虫病病变标本与病原体的观察

单殖吸虫(Monogenoidean)与复殖吸虫(Digenean)为全营寄生生活、体不分节的两类寄生虫。其中有较多种类是鱼类常见的寄生虫,主要寄生于鱼类的鳃、皮肤和鳍条(单殖吸虫)与鱼的血管、肠道、肌肉、脑、眼等处(复殖吸虫幼体)。少量虫体寄生时,对寄主的危害性较小;大量寄生时将引发严重的鱼类单殖吸虫病或复殖吸虫病,有时甚至引起严重死亡而造成较大的经济损失。单殖吸虫与复殖吸虫的形态结构及种类须镜检才能做出准确辨认。

【实验目的】

1. 熟悉水产动物常见单殖吸虫病和复殖吸虫病的主要症状。
2. 了解单殖吸虫和复殖吸虫危害的主要对象、流行范围和传播途径。
3. 掌握寄生于鱼类相关器官组织中单殖吸虫和复殖吸虫的形态结构特征,识别常见种类,为正确诊断和防治鱼类单殖吸虫病和复殖吸虫病打下基础。

【实验原理】

鱼类单殖吸虫病是由扁形动物门吸虫纲(Trematoda)指环虫科(Dactylogyridae)、三代虫科(Gyrodactylidae)双身虫科(Dilozoidae)等的一些种类寄生于鱼的鳃、体表、鳍、口腔、鼻腔、膀胱等部位所引起的一类寄生虫病。单殖吸虫的宿主主要是鱼类,少数种类可寄生在甲壳类、头足纲、两栖类和爬行类。单殖吸虫多数种类为卵生,少数为"胎生"(如部分三代虫)。生活史中不需更换中间宿主,幼虫自卵孵出,落入水中进行发育。幼虫具有趋光性,作直线运动,遇到合适的宿主便寄生上去,否则就会自行死亡。寄生在鱼体上的单殖吸虫种类超过3000种,这些单殖吸虫均有一个几丁质结构的后固着器,靠后固着器上的钩插入寄主组织,大多固着在鱼鳃和体表而破坏其完整性,引起细菌等其他病原生物的入侵,导致炎症,产生病变;或吸食鱼的血液和黏液,破坏其正常的生理活动,危害鱼生长甚至引起大批死亡。常见的引起鱼类单殖吸虫病的单殖吸虫有指环虫、三代虫等。

鱼类复殖吸虫病是由扁形动物门吸虫纲(Trematoda)血居科(Sanguinicolidae)、双穴科(Diplostomatidae)、独睾科(Monorchiidae)等的一些种类寄生于鱼的眼球、心脏和血管、肠道、肌肉等部位所引起的一类寄生虫病。复殖吸虫种类繁多,绝大多数种类是雌雄同体,仅少数为雌雄异体;生活史较复杂,需要经历卵、毛蚴、胞蚴、雷蚴、尾蚴、囊蚴和成虫7个发育阶段,并在其生活史中需要更换中间宿主。中间宿主有软体动物的腹足类与瓣鳃类(一般为第一中间宿主),以及环节动物的多毛类、水生昆虫、鱼类等(一般为第二中间宿主),有的种类要求多个中间寄主。寄生在鱼体上的复殖吸虫,一部分可直接引起鱼病,对鱼类产生危害,严重时可引起死亡,如寄生在多种淡水鱼类体上的双穴吸虫;另一部分以鱼类为中间宿主,并危害人类健康,如华支睾吸虫。

【实验用品】

1. 材料
患单殖吸虫病和复殖吸虫病的病鱼活体标本及有关吸虫的玻片染色标本(固定标本)。
常见的单殖吸虫:指环虫、三代虫。
常见的复殖吸虫:双穴吸虫、扁弯口吸虫。

2. 器具
显微镜、解剖镜、解剖盘、解剖剪、解剖刀、解剖针、镊子、载玻片、盖玻片、烧杯、胶头滴管、纱布、药棉、擦镜纸等。

3. 试剂
鱼用生理盐水、二甲苯、碘液、香柏油、甘油、乙醇、聚乙烯醇。

【实验方法】

1. 鱼类常见单殖吸虫病和复殖吸虫病病变标本的观察
患单殖吸虫病和复殖吸虫病病鱼活体标本的观察:通过肉眼观察病鱼鳃、体表、眼球、肌肉等部位的病变症状,根据患病症状的明显程度,做出对单殖吸虫病和复殖吸虫病的初步诊断。当虫体少量寄生时,通常病鱼的症状不明显。但当病鱼被严重感染时,可观察到明显症状,如:患指环虫病病鱼的鳃丝肿胀,鳃上黏液增多增厚;患三代虫病病鱼皮肤上形成一层灰白色黏液,鱼体失去光泽;患双穴吸虫病病鱼眼睛发白,头部中央充血,鱼体弯曲;患扁弯口吸虫病病鱼头部、尾柄部等部位浅肌层形成圆形、橘黄色囊体;等等。

(1)单殖吸虫病。
①指环虫病(Dactylogyriasis)。
指环虫病是由指环虫(*Dactylogyrus* spp.)寄生于鱼类的鳃、皮肤和鳍上所引起的单殖吸虫病。常见的指环虫如下。

鳃片指环虫（*D. lamellatus*），寄生于草鱼的鳃、皮肤和鳍上；坏鳃指环虫（*D. vastator*），寄生于鲤鱼、鲫鱼等鱼的鳃上；小鞘指环虫和鳙指环虫分别寄生于鲢鱼和鳙鱼的鳃上。鱼类被轻度感染时症状不明显；虫体大量寄生可引起鳃丝黏液增多、肿胀、贫血，呈花鳃状。鱼苗或鱼种患病严重时，体色呈暗灰色，由于鳃丝肿胀可引起鳃盖张开不能闭合，其中以患病的鳙鱼尤为明显（图1-9-1）。

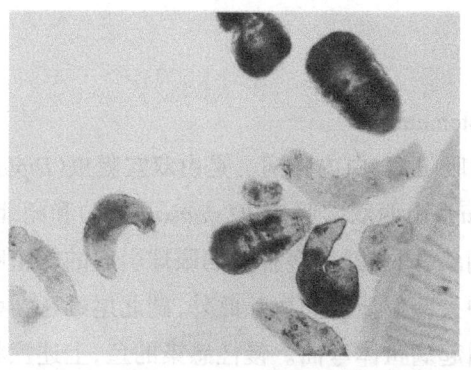

图1-9-1　寄生在鳃上的指环虫（仿 汪开毓）

②三代虫病（Gyrodactyliasis）。

三代虫病是由三代虫属（*Gyrodactylus* spp.）的种类寄生于鱼类的皮肤、鳃上所引起的单殖吸虫病。常见的三代虫如下。

鲢三代虫（*G.hypophthalmichthysi*）主要寄生于鲢鱼和鳙鱼的皮肤、鳃上；鲩三代虫（*G.ctenopharyngodontis*）寄生于草鱼的皮肤、鳃上；秀丽三代虫（*G.elegans*）寄生于鲤鱼、鲫鱼等鱼的皮肤、鳃上。当虫体大量寄生时，病鱼皮肤、鳃上黏液增多，且体表黏液往往呈灰白色，鱼体失去光泽，游动极不正常，严重者鳃边缘也呈现灰白色（图1-9-2）。

图1-9-2　寄生在鳃上的三代虫（仿 Herbert R）

③双身虫病。

双身虫病是由双身虫科(Diplozoidae)的某些种类寄生于草鱼、鲢鱼、鳙鱼、鲤鱼、鲫鱼、鳊鱼、鲂鱼、鳅鱼等淡水鱼类的鳃上所引起的单殖吸虫病。揭开病鱼的鳃盖即可看到鳃呈暗红色,黏液增多,并可见有白色小点,严重者还可看到鳃上吸足血的、呈红色或黑色的虫体前段在不断地摆动,虫体后段较透明,病鱼严重贫血,鳃组织受损,病鱼极度不安,上浮水面,最后因呼吸困难而死。

(2)复殖吸虫病。

①双穴吸虫病(Diplostomumiasis)。

双穴吸虫病又称复口吸虫病、白内障病。是由双穴吸虫(*Diplostomu* spp.)[如我国常见的倪氏双穴吸虫(*D.niedashui*)、山西双穴吸虫(*D.shanxinensis*)和湖北双穴吸(*D.heupehensis*)]的尾蚴、囊蚴寄生于鲢鱼、鳙鱼、团头鲂等多种鱼的眼球引起的复殖吸虫病。急性感染的病鱼,可见其头部尤其是脑室中央部位显著充血。此外,湖北尾蚴还会引起病鱼眼眶周围充血,倪氏尾蚴及山西尾蚴还会引起病鱼体弯曲。慢性感染的鱼,上述症状不明显,但在病鱼眼睛内可积累几十至一百个以上的病原体,引起其水晶体浑浊发白,出现"白内障"症状,部分病鱼还有水晶体脱落和眼瞎现象(图1-9-3)。

图1-9-3 健康团头鲂与患双穴吸虫病的团头鲂(仿 黄琪琰)
上为健康鱼;下为患病的团头鲂,晶状体发白

②血居吸虫病(Sanguinicolosis)。

血居吸虫病是由血居吸虫(*Sanguinicola* spp.)钻入养殖鱼类苗种心脏和血管所引起的复殖吸虫病。我国危害较大的有寄生于鲢鱼、鳙鱼、鲫鱼、草鱼、团头鲂苗种的龙江血居吸虫(*S. lungensis*),寄生于团头鲂苗种的鲂血居吸虫(*S.megalobramae*)。血居吸虫病的发病症状分急性型和慢性型,急性型是由于水中有较高密度的血居吸虫尾蚴,短时间内多个尾蚴快速钻入鱼苗体内,引起鱼苗急游、打转、呆滞等异常现象,刺激病鱼鳃及体表黏液增多,引起鳃丝肿胀和鳃盖无法闭合,全身红肿,肛门生水泡,不久即死。慢性型是尾蚴少量而分散地钻入鱼体,在鱼的心脏和动脉球内发育为成虫,成虫产出的虫卵又随血液被带到鱼的鳃、肝、脾、肾、肠系膜、肌肉、脑、脊髓等处,在鳃血管内经发育孵出幼虫,引起血管受阻以致出血和鳃组织损伤。此外,虫卵一般在肾脏中较多,肾组织受损,使肾脏排泄机能失调,引起腹腔积水、竖鳞、突眼、肛门红肿等症状。

③侧殖吸虫病(Asymphylodorasis)。

侧殖吸虫病俗称闭口病,常见的是由日本侧殖吸虫(*Asymphylodora japonica*)等寄生于草鱼、青鱼、鲢鱼、鳙鱼、鲤鱼、鲫鱼、鳊鱼、鲂等鱼类(终末寄主)的肠道尤其是前肠部所引起的复殖吸虫类疾病。未见有鱼种和成鱼被该虫寄生后引起死亡的病例。鱼苗被感染后体色发黑,游泳无力,并群集于池塘下风处,特别是下塘3天以内的早期鱼苗被感染后。解剖病鱼可见肠道充满了虫体,尤其是前肠更是被密集的虫体堵塞,鱼苗因得不到维持生命必需的营养而导致器官衰竭死亡。

④扁弯口吸虫病(Clinostomiasis)。

扁弯口吸虫病是由扁弯口吸虫(*Clinostomum complanatum*)的囊蚴寄生于草鱼、鲢鱼、鳙鱼、鲤鱼、鲫鱼等多种淡水鱼的肌肉中所引起的一种复殖吸虫病。病鱼患病早期没有明显症状;病情严重时,可见鱼的头部和尾柄部有大量呈橘黄色、直径2.5 mm左右的孢囊。另外,在病鱼腹鳍和臀鳍的浅肌层以及体侧浅层肌肉中,也有少量孢囊分布。通常在每尾病鱼体上分布有数个至百余个肉眼可见的孢囊(图1-9-4)。

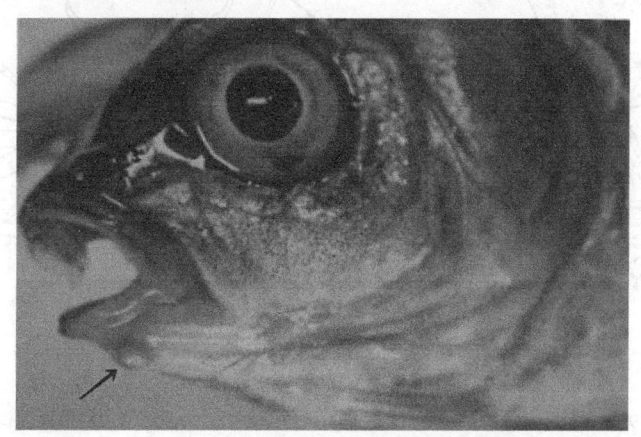

图1-9-4 患扁弯口吸虫病的病鲫下颌出现黄色孢囊(仿 汪开毓)

2. 水产动物常见单殖吸虫病和复殖吸虫病病原体的观察

(1)单殖吸虫。

①指环虫(*Dactylogyrus* spp.)。

从患病鱼(草鱼、青鱼等)鳃上刮取黏液或剪下鳃丝制片后镜检。鳃片指环虫(*D. lamellatus*)扁平纵长,大小为(0.192~0.529)mm×(0.072~0.136)mm。前端具头器2对,头器后面有黑色眼点4个,口在眼点附近,口下接咽、食道,食道下接左右分枝的二肠管(盲肠),向虫体后端延伸连接成环状。虫体后端的腹面有一圆盘状的后固着器,其上有一对中央大钩,中央大钩之间有1~2根联结片,固着器的周围有7对边缘小钩。1个卵巢,位于虫体中部或后部,卵巢向前通出子宫,最后为一雌性生殖孔。卵巢之后有1个精巢,精巢后方有1根输精管向前通至贮精囊,然后和前列腺一起通向角质的交配器。虫体两侧和肠管周围散布着发达的卵黄腺(图1-9-5)。

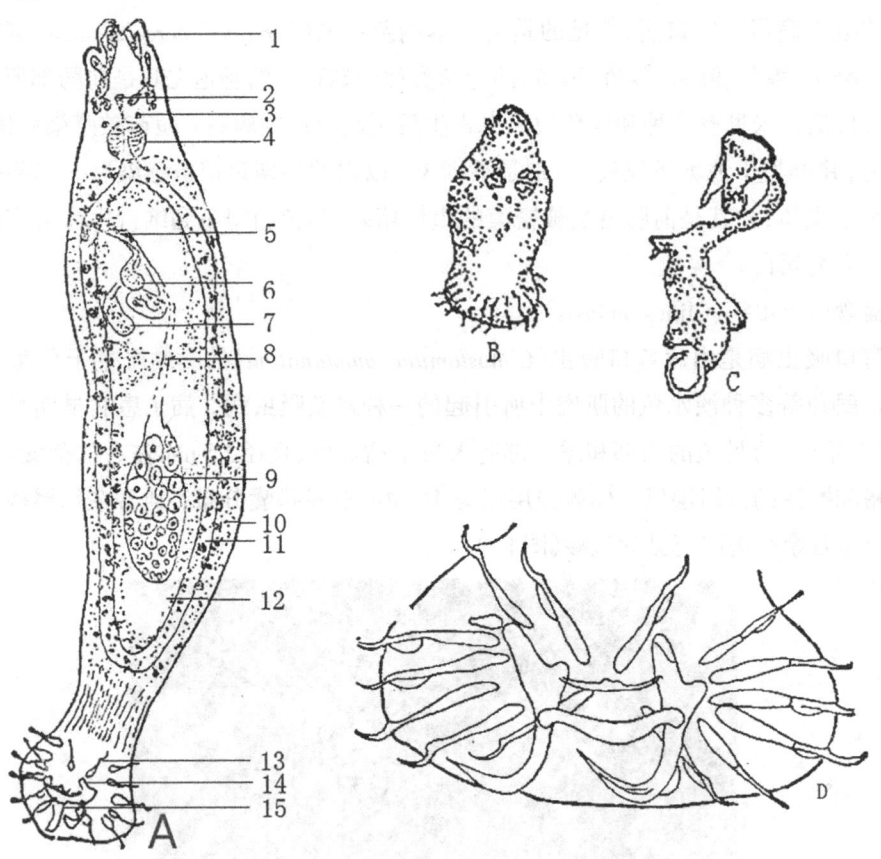

图1-9-5 鳃片指环虫的结构(仿 伍惠生等)
A.成虫;B.幼虫;C.交接器;D.后固着器
1.头器;2.口;3.眼;4.咽;5.交配囊;6.前列腺;7.贮精囊;8.子宫;
9.卵巢;10.卵黄腺;11.肠;12.精巢;13.边缘小钩;14.联结片;15.中央大钩

②三代虫(*Gyrodactylus* spp.)。

三代虫寄生在鱼的体表与鳃部,刮取体表或鳃上黏液,或剪下鳃丝制片后镜检。鲢三代虫(*G. hypophthalmichthysi*)的身体扁平纵长,形态略呈纺锤形,大小为(0.240~0.510)mm×(0.074~0.144)mm。虫体前端有1对能伸缩的头器,无眼点,后端有1个后固着器,内有1对由两根相连的中央大钩,边缘有7对小钩,称边缘小钩,伞状排列。口在身体腹面的前端,呈管状或漏斗状,下通咽、食道和两条左右分枝呈盲管状的肠。卵巢与精巢各1个,位于身体后部,前后排列。位于身体中部卵巢之前有未分裂的受精卵和一椭圆形的胚胎,胚胎内又孕育着下一代胚胎,故称三代虫(图1-9-6)。

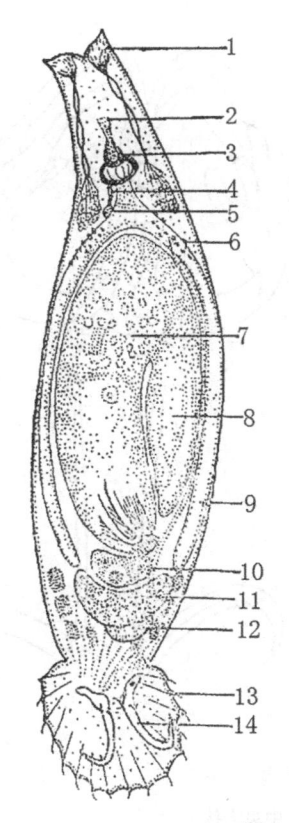

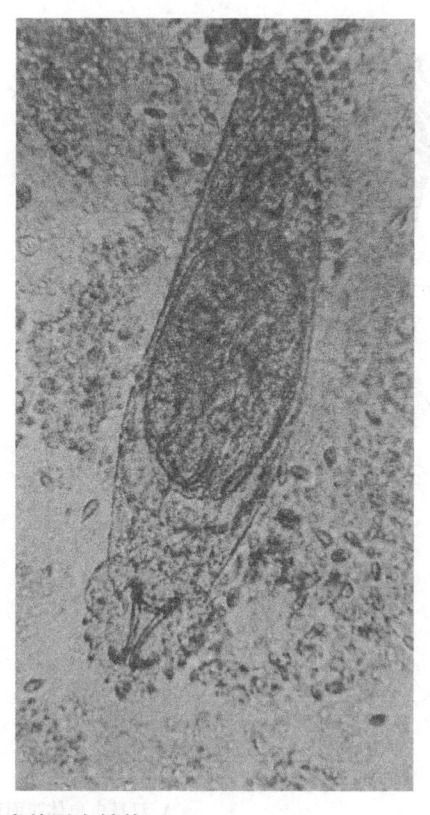

图 1-9-6　三代虫的形态结构

A.三代虫的结构(仿 Yamaguti); B.三代虫形态染色图(仿 汪开毓)

1.头腺;2.口;3.咽;4.食道;5.交配囊;6.卵黄腺;7.胚胎(孙代);
8.胚胎(子代);9.肠;10.卵;11.卵巢;12.精巢;13.边缘小钩;14.中央大钩

③双身虫。

双身虫寄生在鱼的鳃上,如华双身虫属(*Sindiplozoon*)的鲩双身虫(*S.ctenopharyndonii*)寄生于草鱼鳃上。检查方法:肉眼观察鳃上的虫体并取虫体镜检。将病鱼的鳃全部取出,放在盛有清水的培养皿中,用镊子将鳃丝慢慢地拨动。肉眼观察可见虫体一般长为5～10 mm,乳白色,而吸足鱼血的虫体前段呈棕黑色或黄褐色,后段较透明;成虫由2个幼体连合而成,外形呈"X"形。显微镜下观察,虫体前段最前端腹面具一漏斗状的口,两侧有口吸盘1对,其下面依次接咽、食道、肠、肠分枝,卵巢也分布于该段,卵巢之前肠分枝之间有发达的卵黄腺;虫体后段有由4对吸铗和1对中央钩组成的后固着器,精巢一至多个,一般位于后固着器基部,卵巢之后。双身虫的幼虫全身具纤毛,眼点和口吸盘各2个,咽1个,呈囊状的肠1条,后端的吸铗和中央钩各1对。幼虫在水中作短时间游动即寄生在鱼的鳃上,之后幼虫的纤毛和眼点脱落消失,身体变长,在腹面中央形成1个吸盘,在背面中央长出1个背突起,此时两个幼虫一旦相遇,一个幼虫用吸盘吸住另一个幼虫的背突起,两个幼虫便会逐渐发育成一个不可分割的成虫(图1-9-7)。

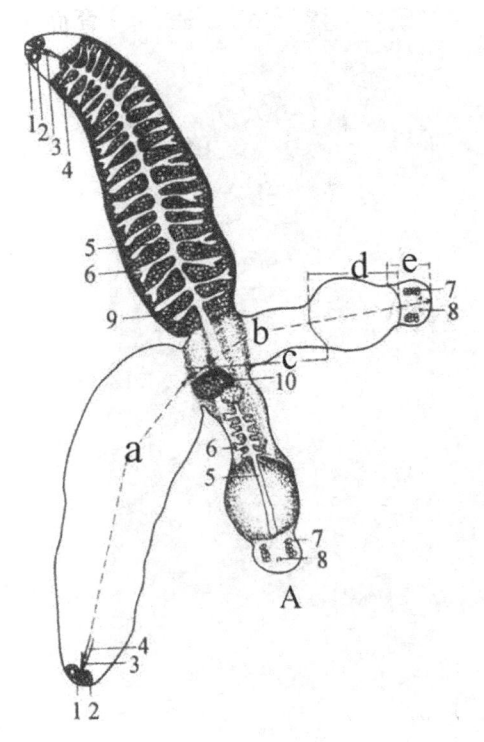

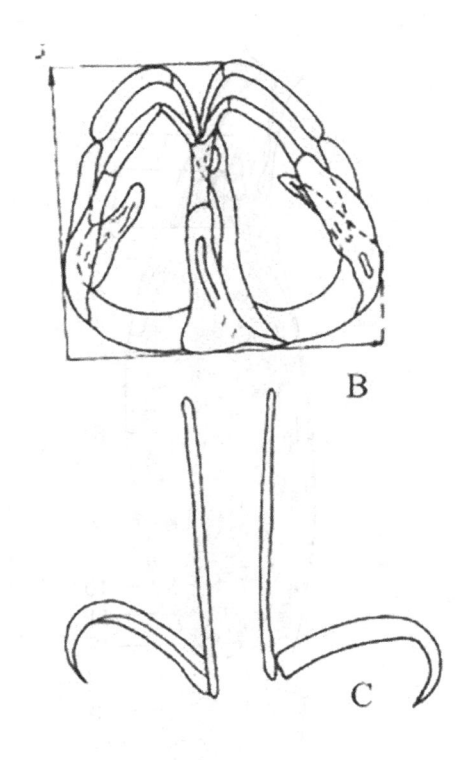

图 1-9-7　双身虫的结构
A.双身虫虫体腹面观；B.吸铗；C.中央大钩
a.虫体前段；b.虫体后段；c.生殖区；d.吸盘；e.后吸器
1.口；2.口吸盘；3.咽；4.食道；5.肠；6.肠的分枝；7.吸铗；
8.中央大钩；9.卵黄腺；肠；10.卵巢(仿 Eeller)

(2)复殖吸虫。

①双穴吸虫(*Diplostomum* spp.)。

危害鱼体的双穴吸虫(复口吸虫)的尾蚴与囊蚴,其侵入路径因双穴吸虫种类不同而有差异。倪氏双穴吸虫(*D.niedashui*)和山西双穴吸虫(*D.shanxinensis*)的尾蚴是先侵入肌髓,向头部移动至脑室,再沿视神经进入眼球；湖北双穴吸虫(*D.heupehensis*)尾蚴是先侵入肌肉钻入附近血管,随即移至心脏并上行至头部,再从视血管进入眼球。双穴吸虫囊蚴的检查,先根据病鱼的眼睛是否发白做出初步判断。然后将病鱼眼球取出,剪破后再取出水晶体放于盛有生理盐水的培养皿中,刮下水晶体外围的透明胶质,放在载玻片上,加一滴生理盐水,盖上盖玻片,在解剖镜或低倍显微镜下可看见前后伸缩的囊蚴,一个水晶体内的囊蚴可多达数个至数百个。虫体呈透明、扁平、卵圆形,大小为 0.4～0.5 mm,分前后两部,口吸盘 1 个,位于虫体前端靠腹面,两侧各有 1 侧器,腹吸盘 1 个,位于中央稍后,下有一椭圆形的粘附器。口吸盘下接咽,通食道,食道后的肠分叉呈盲管状并直达体后与排泄囊相连,从该囊的前端分出排泄管。呈颗粒状发亮的石灰质体分布于虫体上(图 1-9-8)。

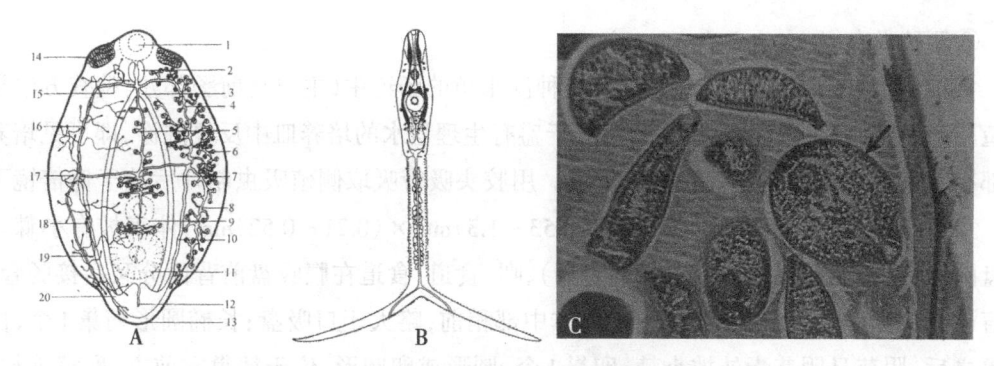

图 1-9-8 湖北双穴吸虫的形态结构

A.湖北双穴吸虫囊蚴(仿 潘金培等);B.湖北双穴吸虫尾蚴;C.患病鲢眼球晶状体切片见其内大量双穴吸虫囊蚴(H.E×100)(仿 Hool D)

1.口吸盘;2.咽;3.肠;4.前侧管;5.中背管;6.石灰质;7.后横联合管;8.后侧管;9.腹吸盘;10.侧集管;11.粘附器;12.排泄囊;13.后体;14.侧器;15.前横联合管;16.前原小集管;17.焰细胞;18.共集干;19.后原小集管;20.排泄囊

②血居吸虫(*Sanguinicola* spp.)。

血居吸虫的尾蚴在水中寄生于终寄主鱼,从鱼体表侵入并钻进血管随血液流动移至心脏和动脉球内发育为成虫。检查方法是将病鱼的心脏和动脉球取出,放入盛有生理盐水的培养皿中,剪开心脏和动脉球并轻刮内壁,借助明亮光线可肉眼观察到血居吸虫成虫。镜检,成虫呈扁平、菱形、披针形或矛形,前端尖细,大小为(0.26~0.85)mm×(0.14~0.25)mm。口位于吻突的前腹面,下接细长的食道,四叶分枝状肠盲囊接于食道末端;精巢8~16对,位于卵巢和肠盲囊之间,输精管沿虫体正中线至卵巢后方左侧,经2~3个折叠后达雄性生殖孔;卵巢1对,蝴蝶状,卵呈橘瓣形,输卵管通入较短的子宫,开口于雄性生殖孔的腹面。卵黄腺小颗粒状,分布于虫体左右两侧(图1-9-9)。

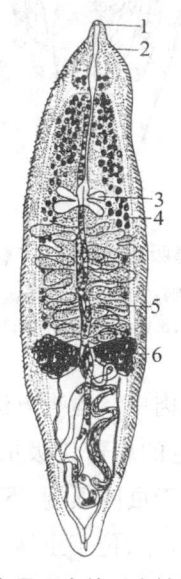

图1-9-9 龙江血居吸虫的形态结构(仿 唐仲璋等)

1.口;2.食道;3.肠;4.卵黄腺;5.精巢;6.卵巢

③侧殖吸虫(*Asymphylodora* spp.)。

日本侧殖吸虫(*A. japonica*)寄生于多种淡水鱼的肠道中(主要是前肠部)。检查方法是将病鱼肠道剪开,去除内含物,再将肠壁放于盛有生理盐水的培养皿中反复洗涤,即可见培养皿底部有芝麻粒大小呈乳白色的侧殖吸虫。用胶头吸管吸取侧殖吸虫制片后放于低倍镜下观察。虫体小而扁平,近卵圆形,大小为(0.53~1.3)mm×(0.21~0.52)mm,体表披有小棘。口吸盘圆形,位于亚前端,后接前咽(不明显)、咽、食道,食道在腹吸盘前背面分叉后接肠管,肠支盲端止于虫体近后端;腹吸盘位于虫体中部稍前,略大于口吸盘;长椭圆形精巢1个,位于卵巢之后;阴茎具阴茎囊外披小棘,卵巢1个,圆形或卵圆形,位于精巢右前方,卵黄腺粒状,位于虫体中部之后的两侧;子宫环绕于肠支和体后端之间,虫体左侧中部,与阴茎共同开口于生殖孔(图1-9-10)。

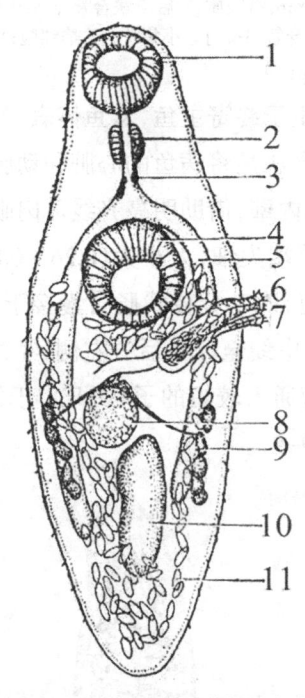

图1-9-10 日本侧殖吸虫的结构(仿《中国淡水鱼类养殖学》)
1.口吸盘;2.咽;3.食道;4.腹吸盘;5.肠;6.阴茎;
7.子宫末端;8.卵黄腺;9.卵巢;10.精巢;11.卵

④扁弯口吸虫(*C. complanatum*)。

扁弯口吸虫的囊蚴寄生于鱼的肌肉中。检查方法:可直接将病鱼鳃部、鳃盖内侧或肌肉里的橘黄色孢囊剪开即可溢出乳白色的扁弯口吸虫囊蚴,能作蛭状剧烈伸缩运动,大小为(4~6)mm×2 mm。有口吸盘1个,位于虫体顶端,下接咽、肠,无食道,肠二盲支往后延伸至虫体后端,在伸延中分出侧支;腹吸盘1个,位于虫体靠前端约1/4处;精巢1对,纵列、分叶,两精巢之间有1卵巢原基(图1-9-11)。

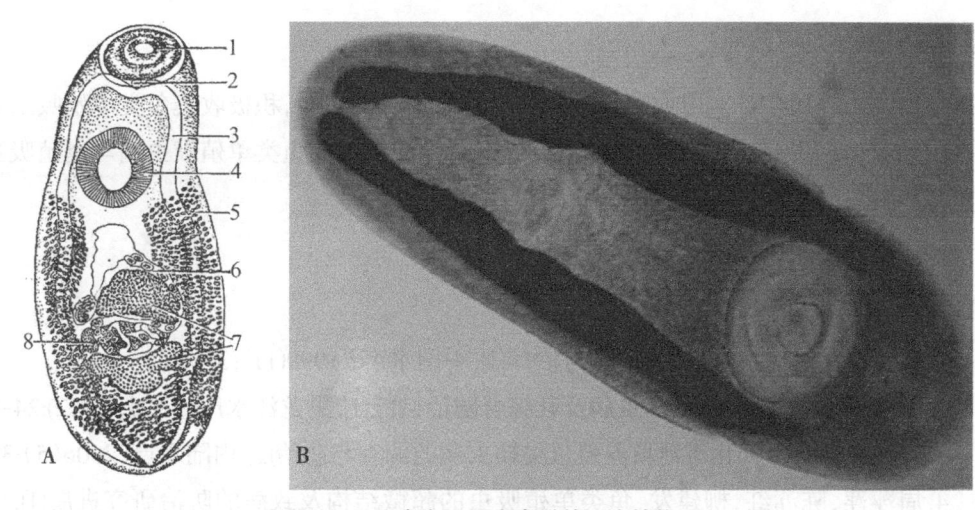

图 1-9-11 扁弯口吸虫囊蚴的形态结构

A.扁弯口吸虫囊蚴的结构(仿 山口); B.扁弯口吸虫囊蚴染色图(仿 汪开毓)
1.吸盘; 2.咽; 3.肠; 4.腹吸盘; 5.卵黄腺; 6.子宫; 7.精巢; 8.卵巢

【注意事项】

1.指环虫与三代虫在外形上很相似,注意观察虫体头器的形态、眼点的有无与排列形式、后固着盘边缘小钩的数量等重要特征。

2.复殖吸虫的生活史较复杂,在其发育过程中需更换宿主,检查时注意某发育阶段的虫体在病鱼体上的寄生路径、寄生部位及正确解剖病鱼取下虫体进行镜检的方法。

3.检查辨认单殖吸虫和复殖吸虫形态结构特征,可直接在解剖镜或低倍显微镜下观察。

4.显微镜检查时,若在1个低倍镜视野下发现5~10个虫体以上,可诊断为单殖吸虫或复殖吸虫病。

5.检查完每一组织器官后,解剖用具须严格清洗,以免影响后面的检查结果。

【思考题】

1.单殖吸虫与复殖吸虫的主要区别是什么?
2.绘图说明指环虫与三代虫的结构特征。
3.简述鱼类指环虫病、三代虫病、双身虫病、双穴吸虫病与扁弯口吸虫病的主要症状。
4.简述血居吸虫病的症状及其诊断方法。
5.你认为诊断侵袭性疾病的依据是什么?

【实验拓展】

借助水产养殖生产实习或参与教师相关科研项目的机会,积极收集鱼类单殖吸虫病与复殖吸虫病大体标本和病原标本进行观察,进一步加深和巩固鱼类单殖吸虫病与复殖吸虫病的相关知识,掌握相关技能。

【拓展文献】

1. 邹明.鱼类双血吸虫病的预防与治疗[J].中国水产,1999(11):31.
2. 王淑梅.淡水鱼类常见蠕虫病及其综合防治措施[J].黑龙江水产,2010,136(2):24-25.
3. 曾宪文,胡辉.怀化市池塘养殖鱼类蠕虫病的调查与防治[J].内陆水产,2006(5):39-40.
4. 周萍萍,陈苏红,柳建发.鱼类单殖吸虫的超微结构及致病的防治研究进展[J].地方病通报,2010,25(3):74-76.

实验 10

鱼类常见绦虫病、线虫病和棘头虫病病变标本与病原体的观察

绦虫、线虫与棘头虫均属于蠕虫类寄生虫,其中有些种类是鱼类常见的寄生虫,主要寄生在鱼类的肠道、腹腔和鳞下等部位而引起相应的绦虫病、线虫病和棘头虫病。少量虫体寄生危害性较小,当大量寄生时,将导致养殖鱼类发生较严重的寄生虫病害甚至引起大批量死亡。绦虫、线虫与棘头虫的种类一般可肉眼鉴别,但其形态结构需镜检才能做出准确辨认。

【实验目的】

1. 熟悉鱼类常见绦虫病、线虫病和棘头虫病的主要症状。
2. 了解常见绦虫、线虫和棘头虫危害的主要鱼类品种、流行范围和传播途径。
3. 掌握寄生于鱼类各有关器官组织中的绦虫、线虫和棘头虫的形态结构特征,识别常见种类,为正确诊断和防治鱼类绦虫病、线虫病和棘头虫病打下基础。

【实验原理】

鱼类绦虫病是由扁形动物门绦虫纲(Cestoda)鲤蠢科(Caryophyllaeidae)、头槽科(Bothriocephalidae)、裂头科(Diphyllobothriidae)等科的绦虫寄生于鱼的肠道部位所引起的一类寄生虫病。绦虫全营寄生生活,成虫多寄生在脊椎动物的消化道或体腔中。其中,有的种类可引起鱼类发生严重疾病,造成较大危害。

绦虫成虫通常背腹扁平、左右对称,呈带状;有的由一长形节片组成,有的由头节、颈部与节片构成;头节位于虫体前段,其上有吸盘、沟槽(吸钩)与吸叶。一般头节的顶端具有吻突,吻突上有的具钩。节片从前往后,可区分为未成熟节片、成熟节片和妊娠节片。每个节片都具有一套(少数是二套)生殖器官,是一个生殖单位。头节的后端为一细长的颈部,末端能不断产生新的体节。绦虫没有消化器官,全靠体表微毛吸收宿主肠道营养以供自身需要。多数雌雄同体,常自体受精。在绦虫的发育过程中,需要经过变态与更换中间宿主,各类绦虫的发育形式不同。第一中间宿主通常为剑水蚤、颤蚓等水生无脊椎动物,也可以是陆生无脊椎动物和脊椎动物;第二中间宿主通常为鱼类、爬行类和两栖类等脊椎动物。

鱼类线虫病是由线形动物门线虫纲(Nemtota)毛细科(Capillariidae)、嗜子宫科(Philometri dae)、鳗居科(Anguillicolidae)等科的线虫寄生于鱼的消化道、鳍条、鳞下、腹腔、鳔和其他组织内所引起的一类寄生虫病。该病一般危害性较小,但当虫体大量寄生时可引起继发性疾病;有的种类吸食寄主血液,影响其生长与繁殖,严重时引起死亡。线虫体呈线形,两端略尖细,尾部特别尖细或弯曲。身体不分节,通常呈圆柱状,无色透明,自由生活种类的长度在1~50 mm,寄生种类的长度变化范围很大,小的仅0.5 mm,大的全长可超过1000 mm。线虫体有背、腹、侧面之分,前端有口,后面依次接食道、中肠、直肠和肛门。雌雄异体,雄性生殖器官有精巢、输精管、储精囊和射精管,另有帮助交配的交合刺、引刺带、交接伞等器官,位于雄虫的尾部;雌性生殖器官有卵巢、输卵管、受精囊、子宫、阴道和阴门等。线虫生殖方式包括卵生、卵胎生和胎生,但多数为卵生。肠道寄生的线虫不需要中间寄主,组织内寄生的线虫则需要,一般以桡足类、寡毛类等作为中间寄主。

鱼类棘头虫病是由棘头动物门始新棘头虫纲(Eoacanthocephala)四环科(Quadragyridae)、新棘吻科(Neoechinorhynchidae)等,古棘头虫纲(Palaeacanthocephala)棘吻科(Echinorhynchidae)、长棘吻科(Rhadinarhynchidae)等科的棘头虫寄生于鱼的肠道内所引起的一类寄生虫病。该病虽较常见,但危害性较低。棘头虫身体通常呈圆筒状或纺锤形,由吻、颈和躯干三部分组成。位于虫体前端的吻由伸缩肌牵引而可以伸缩,并可全部或部分缩入吻鞘中,吻上着生吻钩。颈很短,无刺。躯干较粗大,表面光滑或具刺。棘头虫体长0.9~650 mm,多数在25 mm以下。寄生在鱼类的棘头虫通常体形偏小。棘头虫雌雄异体,雄虫具2个椭圆形的精巢,雌虫体内早期具1~2个卵巢原基,以后分成许多细胞团,脱离韧带游离于体腔中,称为卵球。棘头虫的发育过程需更换中间宿主,成虫寄生在鱼类、鸟类、哺乳类等脊椎动物消化道中,中间寄主有软体动物、甲壳类和昆虫。

【实验用品】

1. 材料

患绦虫病、线虫病和棘头虫病的病鱼活体标本及有关绦虫、线虫和棘头虫的玻片染色标本(固定标本)。

常见的绦虫标本:鲤蠹、九江头槽绦虫、舌状绦虫、许氏绦虫。

常见的线虫标本:毛细线虫、嗜子宫线虫。

常见的棘头虫标本:长棘吻虫、新棘吻虫。

2. 器具

显微镜、解剖镜、解剖盘、解剖剪、解剖刀、解剖针、镊子、载玻片、盖玻片、培养皿、烧杯、纱布、药棉、擦镜纸等。

3. 试剂

鱼用生理盐水、二甲苯、碘液、香柏油、甘油、乙醇、聚乙烯醇。

【实验方法】

1. 鱼类常见绦虫病、线虫病和棘头虫病病变标本的观察

患绦虫病、线虫病和棘头虫病病鱼活体标本的观察：寄生在病鱼肠道的绦虫，剖开病鱼腹腔，剪开肠道即可肉眼观察到；寄生在鱼体肌肉和内脏的绦虫，解剖检查相应组织器官可肉眼观察到。寄生在鱼体表、鳍上的线虫，通过肉眼可直接观察到呈血红色的线状虫体。寄生在病鱼肠道的棘头虫，剪开肠道可肉眼观察到。

常见绦虫病、线虫病和棘头虫病病变标本的观察如下。

(1) 绦虫病。

①鲤蠢病(Caryophyllaeusiasis)。

鲤蠢病是由鲤蠢(*Caryophyllaeus* spp.)寄生于鱼的肠道所引起的绦虫病。主要危害鲫鱼和2龄以上的鲤鱼。少量虫体寄生时，病鱼症状不明显；病鱼被严重感染时，腹部膨大，肠道被堵塞，同时出现肠炎与贫血，引起病鱼日益消瘦甚至死亡。

②头槽绦虫病(Bothriocephaliasis)。

头槽绦虫病是由九江头槽绦虫(*Bothriocephalus gowkongensis*)等寄生于鱼的肠道引起的绦虫病。主要危害草鱼、团头鲂、青鱼、鲢、鳙、鲮。少量虫体寄生时，病鱼无明显症状；严重感染时，病鱼口常张开，头部及体背部发黑，腹部膨大，鳞片疏松易脱落，鳍基充血，鳃丝发暗，黏液较多。解剖病鱼，可见前肠第一盘曲段异常扩张、膨大呈胃囊状。剪开肠管，可见许多乳白色面条状虫体，病鱼肠内因寄生虫密集而引起机械性堵塞，食量减少或不食，身体瘦弱，靠边独游，器官逐渐衰竭而死亡(图1-10-1)。

图1-10-1 患病草鱼肠道有大量头槽绦虫(仿 汪开毓)

③舌状绦虫病(Ligulaosis)。

舌状绦虫病是由舌状绦虫(*Ligula* sp.)和双线绦虫(*Digramma* sp.)的裂头蚴寄生在鲫鱼、鲤鱼、鲢鱼、鳊鱼、草鱼、裂腹鱼等鱼的体腔中所引起的绦虫病。病鱼腹部膨大，失去平衡，由于虫体的挤压和缠绕，使肠、性腺、肝、脾等器官受到压迫而渐萎缩，鱼体瘦弱。解剖病鱼可见体腔内充满大量乳白色带状虫体，有的裂头蚴可从鱼腹部钻出而直接造成病鱼死亡(图1-10-2)。

图1-10-2 寄生于鲫鱼腹腔中的舌状绦虫

(2)线虫病。

①毛细线虫病(Capillariaosis)。

毛细线虫病是由毛细线虫(*Capillaria* sp.)寄生在鱼的肠道所引起的线虫病。主要危害草鱼、青鱼、鲢鱼、鳙鱼、鲮鱼及黄鳝。少量虫体寄生时，病鱼症状不明显；感染严重时，鱼体消瘦，体色变黑，离群独游。虫体头部钻入宿主肠壁黏膜层，破坏肠壁组织，进而导致病原菌侵入，引起发炎，并可致鱼死亡。

②嗜子宫线虫病(Philometraiosis)。

嗜子宫线虫病是由嗜子宫线虫(*Philometra* spp.)寄生于鱼的鳞囊、背鳍、臀鳍、尾鳍、腹腔、鳔等处所引起的线虫病。常见的鲤嗜子宫线虫(*P.cyprini*)雌虫、鲫嗜子宫线虫(*P.carassii*)雌虫分别寄生于鲤鱼的鳞片下和鲫鱼尾鳍条内。肉眼观察可见患病鲤鱼鳞片因虫体寄生而竖起，皮肤肌肉充血发炎，还常引起有关致病细菌和水霉菌的继发感染，虫体寄生处的鳞片呈现出红紫色不规则的花纹，掀起鳞片即可见盘曲在鳞囊中红色的鲤嗜子宫线虫。将鲫鱼尾鳍条展开，对光肉眼观察或在解剖镜下观察，可见红色虫体，将鳍条撕开，虫体即可暴露出来(图1-10-3)。

图1-10-3 在鲤鱼鳞片下寄生的嗜子宫线虫(仿 烟井喜司雄)

(3)棘头虫病。

①长棘吻虫病(Rhadinarhynchusiosis)。

长棘吻虫病是由长棘吻虫(*Rhadinarhynchus* spp.)寄生于鱼的肠道所引起的棘头虫病。常见的鲤长棘吻虫(*R.cyprini*)危害鲤鱼、草鱼、鲍,细小长棘吻虫(*R.exilis*)危害鲫鱼,崇明长棘吻虫(*R.chongmingnensis*)危害鲤鱼。少量虫体寄生时,病鱼症状不明显;当大量虫体寄生时,病鱼肠管膨大、堵塞,肠壁被胀得很薄,内脏器官彼此粘连而无法剥离,肠道内充满黄色黏液,肠壁发炎,有时虫体钻通肠壁,进入体腔再钻入其他内脏或体壁,引起体壁溃烂甚至穿孔。病鱼消瘦,丧失食欲,逐渐死亡。

②棘衣虫病。

棘衣虫病是由棘衣虫(*Pallisentis* spp.)的成虫或孢囊寄生于鱼体中所引起的棘头虫病,虫体呈乳白色或淡黄色。慢性感染时病鱼不显症状,急性大量感染时病鱼腹部膨大,伴有充血现象(图1-10-4、图1-10-5)。

图1-10-4 寄生于黄鳝肠道内的棘衣虫(仿 汪开毓)

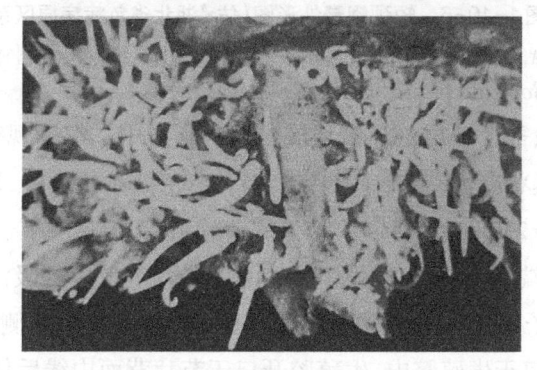

图1-10-5 患棘衣虫病鱼肠道内的虫体(仿 Edward J)

③粗体虫病。

粗体虫病是由粗体虫(*Hebesoma* spp.)寄生于鱼的肠道中所引起的棘头虫病。大量鱼体寄生可引起病鱼肠道阻塞、穿孔,逐渐死亡。

2. 鱼类常见绦虫病、线虫病和棘头虫病病原体的观察

(1)绦虫。

①鲤蠢(*Caryophyllaeus* spp.)。

鲤蠢主要寄生于鲤鱼、鲫鱼肠道中。解剖观察方法:剪开腹腔,取出肠道并小心剪开,可肉眼观察到呈乳白色的虫体,用解剖针(竹针)轻轻挑出虫体进行镜检。虫体扁带形不分节,头部前缘皱褶不明显或光滑,颈部短。生殖器官1套,精巢分散,椭圆形,分布在从头后至阴茎囊,前端与卵黄腺同一水平;卵巢呈"H"形,位于虫体后方。卵黄腺小于精巢,椭圆形,少数在身体中央与精巢交错排列,多数分布于身体两边。盘曲状的子宫位于卵巢前方,含有棕黄色虫卵(图1-10-6)

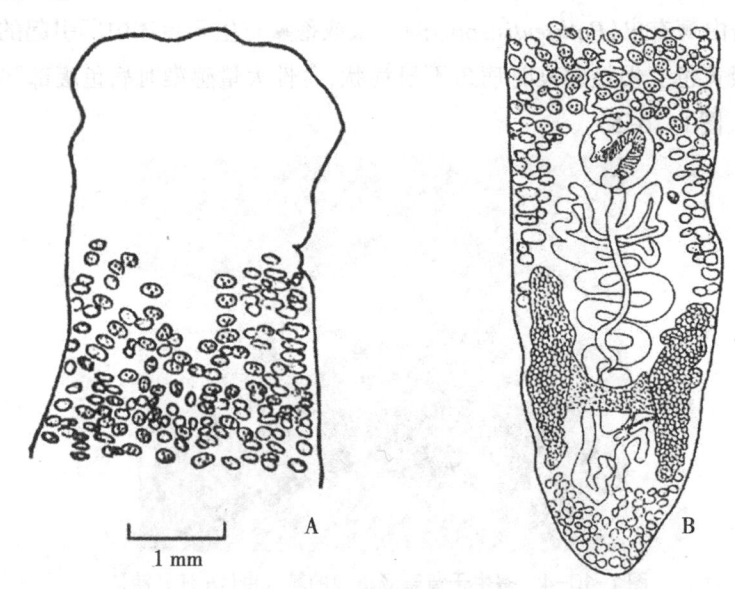

图1-10-6　短颈鲤蠢外形图(仿《湖北省鱼病病原区系图志》)
A.虫体前段,示头部及部分生殖系统;B.虫体后段,示生殖器官

②九江头槽绦虫(*Bothriocephalus gowkongensis*)。

九江头槽绦虫成虫寄生于草鱼等多种淡水鱼的肠道中。解剖观察方法:剪开病鱼腹腔,可肉眼看见前肠呈胃囊状膨大,剪开前肠即露出乳白色面条状虫体,取出虫体镜检。虫体背腹扁平,带状,体长20~230 mm。由多数分节的节片组成,包括头节、颈部和体节三部分。头节呈心脏形或梨形,顶端有一明显的顶吸盘,两侧各有1个较深的吸沟;每个节片内都有1套雌、雄生殖器官;并在子宫内可见虫卵。精巢球形,分布在节片两侧,每一节片内含50~90个;阴茎及阴道共同开口于生殖腔内,生殖腔开口于节片背面中线后任意一点上。卵巢双叶、翼状,横列在节片后中央部位。子宫呈"S"形弯曲,开口于节片中央腹面,在生殖孔之前。卵黄腺小于精巢,散布在节片两侧。梅氏腺位于卵巢前侧(图1-10-7、图1-10-8、图1-10-9)。

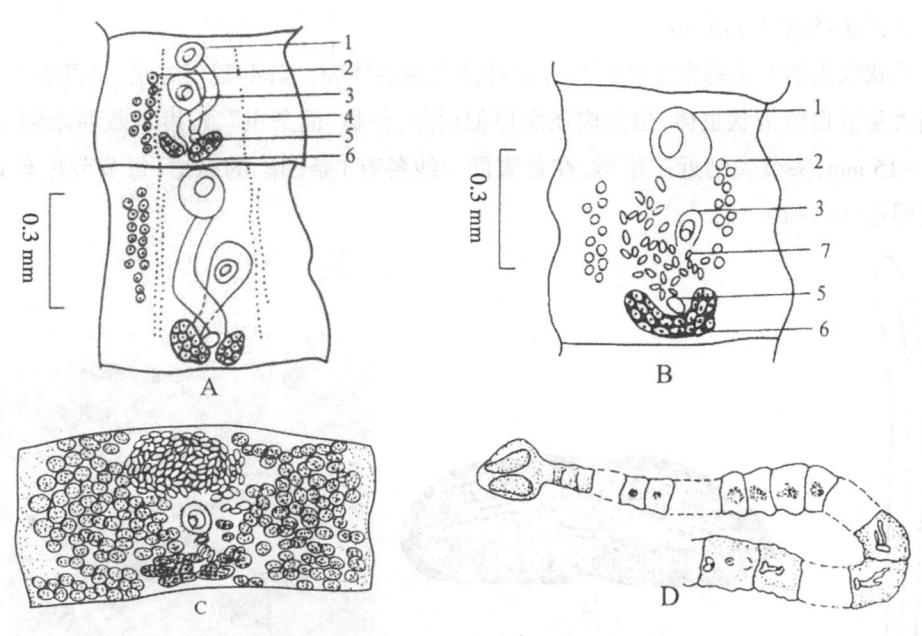

图1-10-7 九江头槽绦虫的形态结构
A.九江头槽绦虫成熟节片;B.九江头槽绦虫妊娠节片;
C.马口鱼头槽绦虫成熟节片(仿 廖翔华等);D.成虫(仿《动物寄生虫学》)
1.子宫口 2.睾丸;3.阴茎囊;4.卵黄腺;5.梅氏腺;6.卵巢;7.卵

图1-10-8 寄生于草鱼肠道内的头槽绦虫形态(仿 汪开毓)

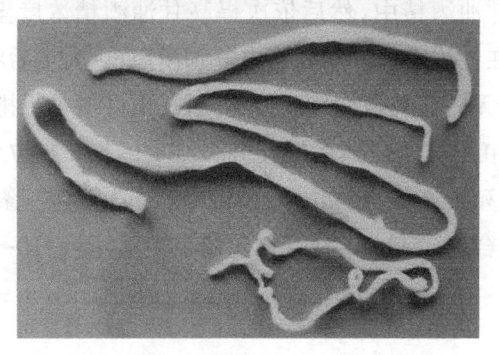

图1-10-9 头槽绦虫形态(仿 汪开毓)

③舌状绦虫(*Ligula* sp.)。

舌状绦虫的裂头蚴寄生在鲫鱼等多种淡水鱼的体腔。解剖观察方法：剪开病鱼可见体腔充满大量乳白色带状虫体，虫体肉质肥厚似面条，俗称"面条虫"，长度从数厘米到数米，宽度约8~15 mm，头节尖细近三角形；在背腹面中线各有1条凹陷的纵槽，每节节片有1套雌、雄生殖器官(图1-10-10)。

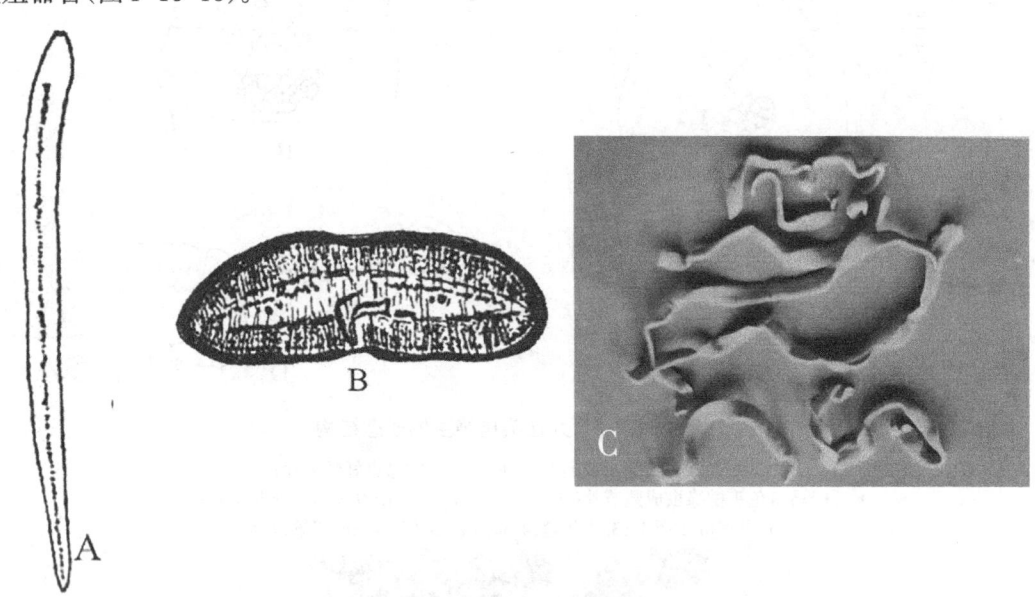

图1-10-10　舌状绦虫形态

A.裂头蚴；B.虫体横切片(仿《湖北省鱼病病原区系图志》)；C.舌状绦虫形态(仿 汪开毓)

(2)线虫。

①毛细线虫(*Capillaria* sp.)。

毛细线虫寄生在草鱼等多种淡水鱼的肠道。解剖观察方法：解剖病鱼，取出肠道剪开，用解剖刀刮取内含物和黏液，放在载玻片上，加适量生理盐水或清水，压片并用解剖镜或低倍显微镜观察。可见虫体细小如线，前端尖细，向后逐渐变粗，尾端呈钝圆形。采用70%酒精固定虫体，取出先放入20%甘油酒精中，然后依次提高甘油酒精浓度至40%、60%、80%，最后置100%甘油酒精中，虫体在各浓度的甘油酒精中分别浸泡6~12 h后将变透明。取出变透明的虫体镜检，可见虫体口端无唇和其他构造。食道细长，由许多单行排列的食道细胞组成，后与肠相连，肠前端稍膨大；肛门位于身体尾端腹侧。雌虫体长6.2~7.2 mm，成熟时可见子宫中充满卵粒；体内具一套生殖器。雄虫体长4~6 mm，生殖器官为一条长管，射精管与泄殖腔相接，末端有一条细长的交合刺(交接器)，交合刺包藏在鞘里(图1-10-11)。

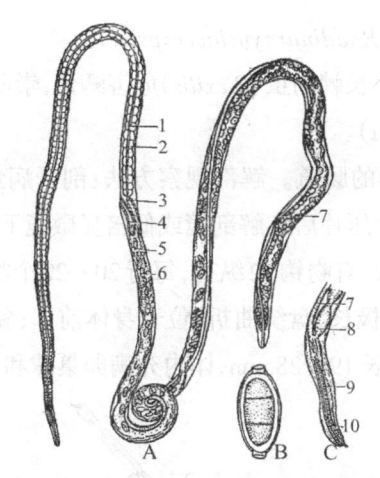

图1-10-11 毛细线虫形态结构(仿《中国淡水鱼类养殖学》)
A.成熟的雌虫,虫体中段为侧面观,尾部为腹面观;B.卵;C.成熟的雄虫尾端侧面观
1.食道;2.食道细胞;3.前肠;4.阴道;5.子宫;6.卵;7.直肠;8.射精管;9.交合刺鞘;10.交合刺

②嗜子宫线虫(*Philometra* spp.)。

嗜子宫线虫幼虫在鱼的体腔中发育,成熟的鲤嗜子宫线虫(*P.cyprini*)雌虫最终移至鳞片下,鲫嗜子宫线虫(*P.carassii*)雌虫最终移至尾鳍条内。观察方法:通过肉眼可见鲤鱼鳞片下或鲫鱼尾鳍条内红色的雌虫,取虫体镜检。鲤嗜子宫线虫雌虫细长圆筒形,两端较细,体长10~13.5 cm,呈血红色,故俗称"红线虫"。体表有许多透明的乳突,前端有1个肌肉球,口位于球的前端,无口唇(唇片);有食管腺,食道较长;肠管细长呈棕红色,肛门退化萎缩;2个卵巢分别位于虫体的两端;子宫占据体内大部分空间,子宫里充满了虫卵或幼虫;无阴道与阴门。雄虫寄生在鲤鱼的鳔壁、鳔内和腹腔,体细如发丝,体表光滑,透明无色,虫体长3.3~4.1 mm,尾端膨大,有两个半圆形尾叶,形状和大小相同的交接刺2根,呈细长针形(图1-10-12)。

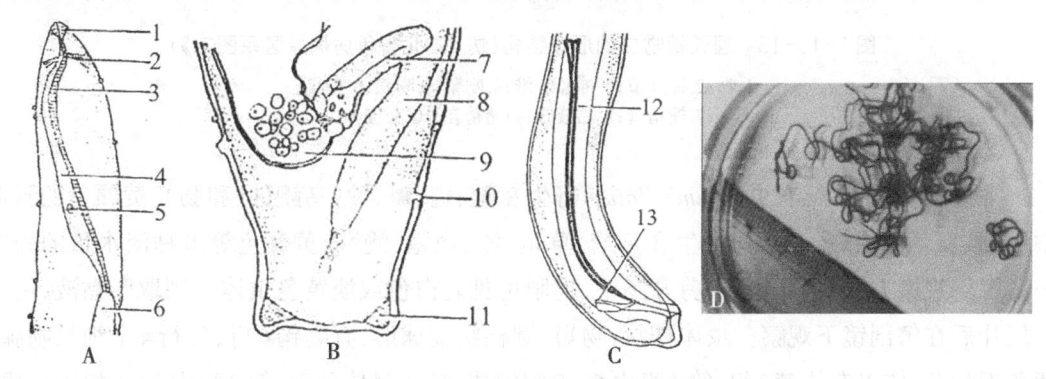

图1-10-12 鲤嗜子宫线虫的形态结构
A.雌虫的头部,虫体中段为侧面观,尾部为腹面观;B.雌虫的尾部;
C.雄虫尾部,成熟雄虫尾端侧面观;D.鲤嗜子宫线虫形态(仿 烟井喜司雄)
1.肌肉球;2.神经环;3.食道;4.食管腺;5.腺体核;6.肠;7.卵巢;8.直肠;
9.子宫;10.乳突;11.尾叶;12.交接刺;13.引刺带(仿《中国淡水鱼类养殖学》)

(3)棘头虫鲤长棘吻虫(*Rhadinarhynchus cyprini*)。

危害鲤鱼、草鱼、鲃,细小长棘吻虫(*R.exilis*)危害鲫鱼,崇明长棘吻虫(*R.chongmingnensis*)。

①鲤长棘吻虫(*R. cyprini*)。

鲤长棘吻虫寄生于鲤鱼的肠道。解剖观察方法:剖开病鱼腹腔,剪开肠壁,肉眼可见乳白色虫体。刮取肠黏液,用玻片压片后在解剖镜或低倍显微镜下观察。虫体短柱状,不分节,体分为吻、颈、躯干三部;吻部细长,有吻钩12纵行,每行20~22个吻钩;颈部短,吻鞘细长;神经节位于吻鞘前端膨大部内。吻腺极长,盘绕曲折,位于身体前部;黏液腺8个;雄虫8.4~11.0 mm,精巢长卵形,前后排列;雌虫体长19~28 mm,体内充满卵巢球和细长梭形的卵(图1-10-13)。

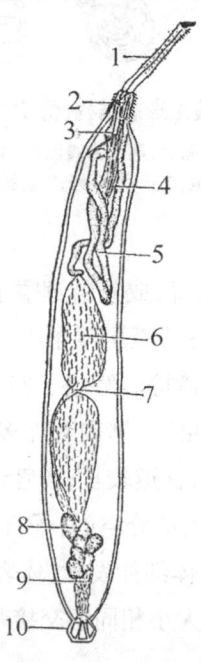

图1-10-13 鲤长棘吻虫的形态结构(仿《湖北省鱼病病原区系图志》)
1.吻;2.神经节;3.神经纤维;4.吻鞘;5.吻腺;6.精巢;
7.输精管;8.黏液腺;9.储精囊;10.交接伞

②棘衣虫(*Pallisentis* spp.)。

常见的有:伞形棘衣虫(*P.umbellatus*)寄生在鲢、鳙、鳜、鲶、乌鳢(肝和肠)、黄颡鱼的肠道中,隐藏新棘衣虫(*P.celatus*)寄生在黄鳝、草鱼、鲶、泥鳅、鳗鲡、黄颡鱼等多种淡水鱼的肠道中。解剖观察方法:剖开鱼腹,剪开肠壁,肉眼可见乳白色或淡黄色虫体。刮取肠黏液,用玻片压片后在解剖镜下观察。虫体杆状;吻短,圆柱状或球形,有吻钩6行,每行4个细长吻腺,两条近相等;体表有体棘2组,第1组由6~9圈组成,位于身体前面,第2组由20~40圈组成,两组之间有一无棘区;吻鞘圆筒状或囊状;神经节位于吻鞘基部;吻腺细长,圆柱状。精巢卵圆至圆柱形,前后相接。黏液腺长,圆柱状,内含多核;雄虫体长6.5~10.4 mm,雌虫11~12 mm(图1-10-14、图1-10-15)。

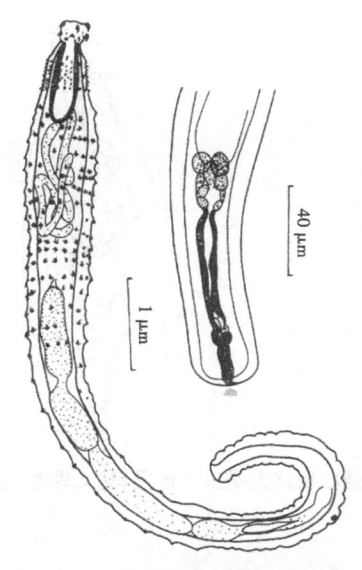

图 1-10-14 伞形棘衣虫外形图

A.伞形棘衣虫雄虫;B.伞形棘衣虫雌虫,示子宫钟的构造(仿《湖北省鱼病病原区系图志》)

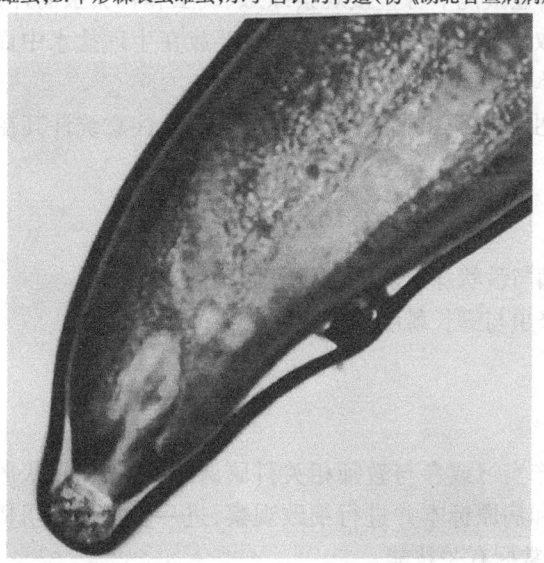

图 1-10-15 隐藏新棘衣虫吻部形态(仿 汪开毓)

③粗体虫(*Hebesoma* spp.)。

常见的强壮粗体虫(*H.violentum*)成虫寄生于鳜鱼靠近幽门盲囊的小肠前段,幼体寄生于鲤、青鱼、翘嘴红鲌等淡水鱼类肠道中。解剖观察方法:剖开鱼腹,剪开肠壁,肉眼可见白色虫体。刮取肠黏液,用玻片压片后在解剖镜下观察。虫体小而壮,体壁厚;肌肉纤维粗壮发达;伸缩性很强,伸展状态下,虫体呈柳叶形,体表光滑,体长为体宽的3~6倍;吻遇刺激可完全缩回吻鞘(图1-10-16)。

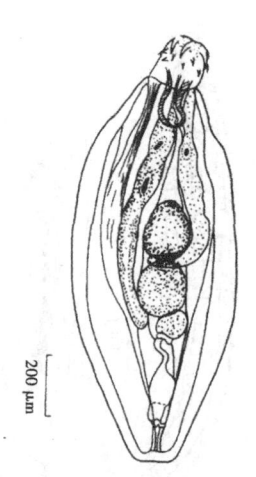

图1-10-16　强壮粗体虫雄虫外形图(仿《湖北省鱼病病原区系图志》)

【注意事项】

1. 在解剖镜或低倍显微镜下可直接观察绦虫、线虫和棘头虫的外部形态结构特征。

2. 从病鱼鳞片下取出的鲤嗜子宫线虫，注意要放在生理盐水中而不能直接放在清水中，以免因渗透压引起虫体破裂。

3. 在观察绦虫、线虫和棘头虫形态结构特征的同时，注意统计其在寄主体上的数量。

【思考题】

1. 九江头槽绦虫病与舌状绦虫病的症状有何不同？
2. 简述九江头槽绦虫与鲤长棘吻虫的生活史。

【实验拓展】

借助水产养殖生产实习或参与教师相关科研课题的机会，积极收集鱼类绦虫病、线虫病和棘头虫病大体标本和病原标本并进行细致观察，进一步加深和巩固鱼类绦虫病、线虫病和棘头虫病的相关知识，掌握有关技能。

【拓展文献】

1. 林春友.七彩神仙鱼头槽绦虫病防控技术[J].生物学通报,2019,54(6):54-55.

2. 高宏伟,周小愿,刘晓峰.草鱼九江头槽绦虫病的诊断治疗报告[J].经济动物学报,2009,13(3):183-184.

3. 金珊,王国良,赵青松.淡水鱼类线虫病的病原及其扫描电镜观察[J].中国兽医学报,2005,25(2):159-161.

4. 曹竞.舟湖南省蛙棘头虫感染情况调查及防治研究[D]长沙:湖南农业大学,2015.

实验 11

水产动物常见寄生甲壳类和软体动物类寄生虫病病变标本与病原体的观察

寄生在水产动物体上的甲壳动物主要有桡足类、鳃尾类、等足类、蔓足类等,有的寄生在鱼体上,有的寄生在经济甲壳动物、软体动物、两栖动物等水产动物体上对寄主的生长和性腺发育造成一定影响,严重者可引起寄主大量死亡。对水产动物造成危害的软体动物主要是其幼虫。寄生甲壳类和软体动物幼虫肉眼可见,但其形态结构和种类识别须在解剖镜或低倍显微镜下才能做出准确辨认。

【实验目的】

1. 熟悉淡水鱼类常见寄生甲壳动物病和软体动物幼虫引起的疾病的主要症状、流行范围和传播途径。
2. 了解寄生甲壳类动物和软体动物幼虫对淡水鱼类的危害性和主要危害对象。
3. 掌握寄生于淡水鱼类常见的甲壳类动物和软体动物幼虫的形态结构特征,为诊断和防治水产动物寄生甲壳动物疾病和由软体动物幼虫所引起的疾病打下基础。

【实验原理】

甲壳动物(Crustaceans)隶属节肢动物门(Arthropoda),全球有近4万种,我国约0.4万种,其体表都有一层几丁质的甲壳。甲壳动物广泛分布于水中,少数种类为陆生或半陆生,生活方式绝大多数为自由生活,仅少部分营寄生生活。

中华鳋隶属甲壳纲、桡足亚纲、剑水蚤目,中华鳋属。雌性成虫寄生在鱼鳃上营寄生生活,雄虫及幼虫营自由生活。我国常见且危害性较大的种类有:大中华鳋,主要寄生在草鱼、青鱼、鲶鱼、赤眼鳟、鳡鱼、鳘条等鱼的鳃丝末端内侧,肉眼观察,虫体形似白色小蛆,因此,大中华鳋病有"鳃蛆病"之称。鲢中华鳋,主要寄生在鲢鱼、鳙鱼的鳃丝末端内侧和鲢的鳃耙上,常引起患病鱼在水面打转或狂游,且病鱼尾鳍上叶往往露出水面,故鲢中华鳋病有"翘尾巴病"之称。

锚头鳋隶属节肢动物门,甲壳纲、桡足亚纲、剑水蚤目,锚头鳋属。雌性成虫寄生于鱼的体表、口腔、眼睛、鳍等处。我国常见且危害性较大的种类有:多态锚头鳋,寄生在鲢鱼、鳙鱼等鳞片较小的鱼体表；鲤锚头鳋，寄生在鲤鱼、鲫鱼、鲢鱼、鳙鱼、乌鳢、青鱼等鳞片较大的鱼体表、眼睛、鳍等部位；草鱼锚头鳋，寄生在草鱼的体表。肉眼观察可见宿主病灶有"针状"虫体，虫体寄生部位组织常充血发炎。

鱼鲺隶属节肢动物门，甲壳纲、鳃尾亚纲，鲺属。对我国鱼类危害较大的鱼鲺种类主要有：寄生在草鱼、青鱼、鲢鱼、鳙鱼、鲤鱼、鲫鱼、鳊鱼、鲮鱼等鱼的体表或鳃上的日本鲺；寄生在青鱼、鲤鱼体表和口腔的喻氏鲺；寄生在草鱼、鲢鱼、鳙鱼体表的大鲺；寄生在草鱼、鲤鱼体表和口腔的椭圆尾鲺。肉眼观察宿主病灶有"臭虫"样的虫体，虫体体色常变成与寄主体色非常接近的保护色而不易被发现。

鱼怪隶属节肢动物门，甲壳纲、软甲亚纲，等足目。常见种类为日本鱼怪，寄生在鱼的胸鳍基部附近围心腔后体腔的寄生囊内，主要危害生活于水库、湖泊等大水面水体中的鲫鱼、鲤鱼等。

钩介幼虫是软体动物门、瓣鳃纲、蚌目、蚌科动物的幼虫。成熟后的钩介幼虫从蚌的排水孔排出体外进入水体，遇到鱼类时即寄生到鱼的体表、鳍或鳃上，鱼类因受到刺激而在寄生处形成孢囊把幼虫包起来，钩介幼虫便开始了寄生生活。

【实验用品】

1. 材料

患中华鳋病、锚头鳋病、鱼鲺病、鱼怪病、钩介幼虫病等寄生虫病的鱼类活体标本、浸泡病变标本以及该类寄生虫玻片染色标本。

2. 器具

显微镜、解剖镜、解剖盘、解剖剪、解剖刀、解剖针、镊子、载玻片、盖玻片、培养皿、胶头滴管、纱布、药棉、擦镜纸等。

3. 试剂

生理盐水、二甲苯、碘液、香柏油、甘油、乙醇、聚乙烯醇等。

【实验方法】

1. 鱼类常见寄生甲壳动物病和软体动物幼虫引起的疾病病变标本的观察

按照水产动物疾病的常规检查方法中的目检法（肉眼观察法）观察患病鱼活体标本、浸泡标本，主要观察病鱼的患病症状以及该类寄生虫的寄生部位、寄生方式等。

（1）中华鳋病（Sinergasilliasis）。

中华鳋病又称"鳃蛆病"，是由中华鳋属（*Sinergasilus*）一些种类的雌虫寄生于多种淡水鱼的鳃上所引起的寄生甲壳动物病。目检：用镊子掀开或用手术剪直接剪去患病草鱼鳃盖，露出鳃瓣，肉眼可见鳃丝边缘有呈白色"蛆样"的虫体，病鱼鳃上黏液增多，鳃丝末端肿大呈"棒槌"状且有瘀血或出血点，据此即可诊断（图1-11-1）。

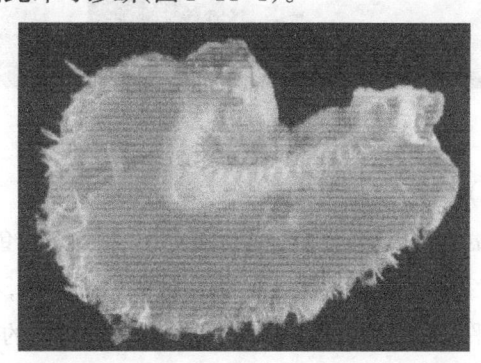

图1-11-1　患病草鱼的鳃边缘寄生有大量大中华鳋（仿 黄琪琰）

（2）锚头鳋病（Lernaeosis）。

锚头鳋病是由锚头鳋（*Lernaea* spp.）雌虫寄生于多种淡水鱼的体表、口腔、眼睛、鳍等部位所引起的寄生甲壳动物病。目检：用肉眼直接观察患病鱼，可见其病灶部位有呈"针状"的虫体寄生。这些虫体上常附有固着类纤毛虫（如累枝虫等）和藻类，当锚头鳋大量寄生时，鱼体上好似披着蓑衣，故该病又称"蓑衣病"。被虫体寄生的组织周围常充血发炎，形成石榴般的红斑，该症状以鲢、鳙和团头鲂更为明显；当虫体寄生在草鱼、鲤、鲫等鱼的鳞片下时，炎症不很明显，但常见寄生部位的鳞片被蛀成缺刻，鳞片色泽暗淡；当虫体寄生在鱼的口腔时，则引起口腔不能关闭而无法摄食（图1-11-2、图1-11-3、图1-11-4）。

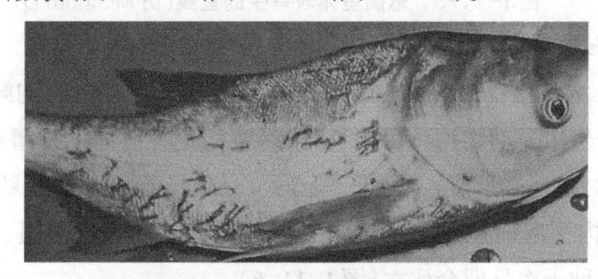

图1-11-2　患病鲢的体表寄生大量锚头鳋（仿 Mohammed S）

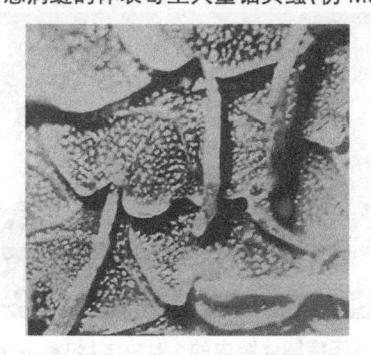

图1-11-3　鲤锚头鳋寄生导致鳞片缺损（仿 王伟俊）

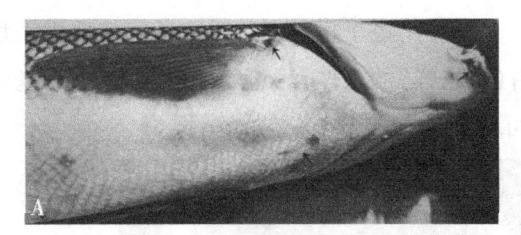

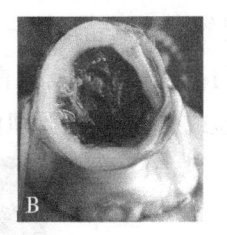

图 1-11-4　锚头鳋寄生于大鳞耙
A.体表；B.口腔

（3）鲺病（Arguliosis）。

鲺病是由鲺（*Argulus* spp.）寄生于多种淡水鱼和少部分海水鱼的体表、鳃或口腔部位所引起的寄生甲壳动物病。目检：用肉眼直接观察患病草鱼或鲫鱼，可见其病灶部位有"臭虫"样的虫体，该虫体大而扁平，颜色常与寄主体色相仿，有保护自己的作用。病鱼由于遭受鲺腹面倒刺、口刺的刺伤，加上大颚撕破病鱼体表而形成许多伤口和出血现象（图1-11-5）。

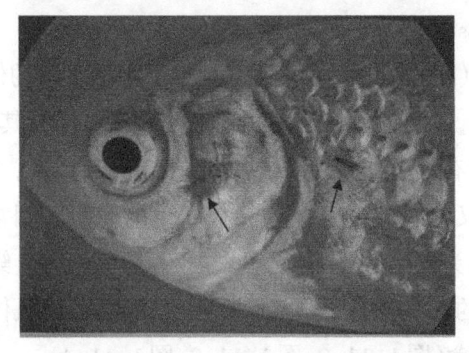

图 1-11-5　患病鱼体表寄生的鱼鲺（仿 Mitchum D）

（4）鱼怪病（Ichthyoxeniosis）。

鱼怪病是由日本鱼怪（*Ichthyoxenus japonensis*）成虫寄生在鱼的胸鳍基部附近围心腔后的体腔内所引起的寄生甲壳动物病。目检：肉眼观察病鱼腹部靠近胸鳍基部附近有一椭圆形的孔洞，洞内多有一对鱼怪并形成一囊袋。当3～4只鱼怪幼虫寄生在夏花鱼种的头部、鳃或胸部，即可在短时间内引起病鱼的鳃及皮肤分泌大量黏液和表皮破损、体表充血、鳃丝软骨外露、蛀鳍等症状，鱼种于次日即会死亡（图1-11-6）。

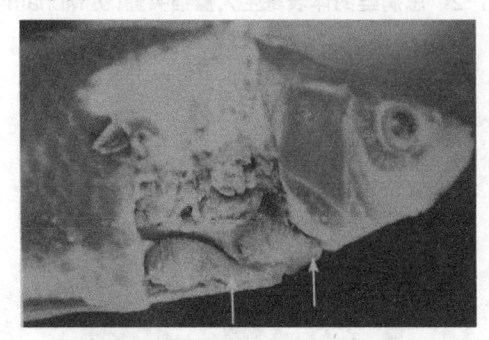

图 1-11-6　患鱼怪病鲫体腔内的1对虫体（如箭头所示）（仿 王伟俊）

(5)钩介幼虫病(Glochidiumiasis)。

钩介幼虫病是由属于软体动物双壳类蚌的幼虫,即钩介幼虫(Glochidium)寄生于草鱼、青鱼等鱼类的皮肤、鳍、鳃上所引起的寄生甲壳动物病。目检:用肉眼直接观察病鱼病灶部位,有白色点状孢囊即可初步诊断。当虫体寄生在鱼的嘴角、口唇、口腔和鳃上时,可引起病鱼头部出现红头白嘴现象,故该病又称"红头白嘴病"。

2. 鱼类常见寄生甲壳动物病和软体动物幼虫引起的疾病的病原体观察

(1)中华鳋(Sinergasilus)。

雌性中华鳋成虫寄生于淡水鱼的鳃上,常见的有:寄生在草鱼、青鱼、鲶、赤眼鳟、鳌条等鱼的鳃丝末端内侧的大中华鳋(S.major),寄生于鲢鱼、鳙鱼的鳃丝末端内侧和鲢鱼的鳃耙上的鲢中华鳋(S.polycolpus)。剪取患大中华鳋病的病鱼鳃片置于盛有清水的培养皿中,在解剖镜下用解剖针配合镊子取下虫体,放于载玻片上,滴加少许聚乙烯醇并盖上盖玻片,过一分钟后在显微镜下观察。大中华鳋虫体较细长,略呈圆柱状,体长2.54~3.30 mm;头部略呈三角形,头与胸间有一明显且长的假节,第1~4胸节宽度相等,第4胸节相对较长,第5胸节较小,其后的生殖节特小。雌虫成熟时,生殖节上有1对细长白色卵囊,每囊内含4~7行卵,卵小而多。腹部细长分3节,包括2明显假节,第3腹节短小,后面有1对尾叉,上有刚毛数根。鲢中华鳋比大中华鳋短而粗,虫体圆筒形,体长1.83~2.57 mm。身体分头、胸、腹三部分,头部略成钝菱形,头与胸间的假节小而短,第1至第4胸节宽而短,第4胸节最宽大,第5胸节小,仅前节宽的三分之一,其后的生殖节小;腹部特征与大中华鳋基本相同;生殖节上有1对粗大卵囊,每囊内含卵6~8行,卵小而多(图1-11-7、图1-11-8)。

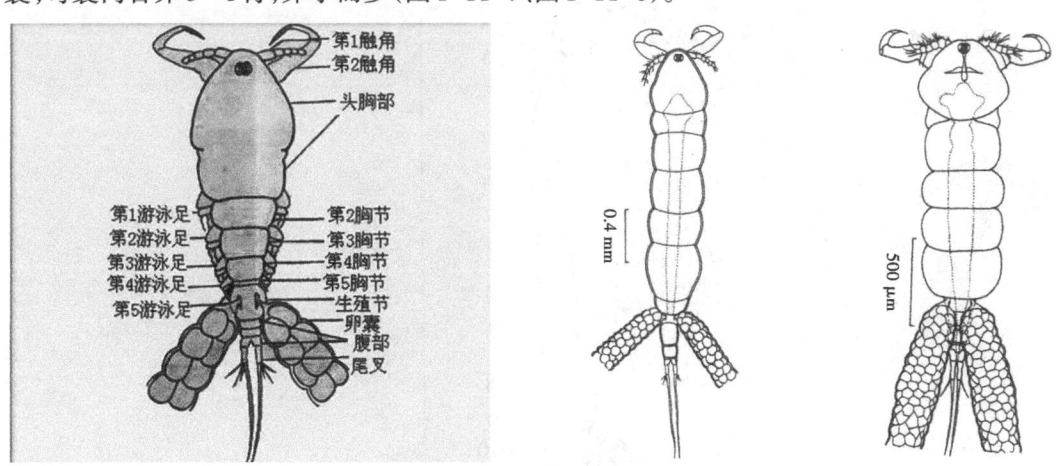

图1-11-7 中华鳋形态结构
A.鳋的外部形态结构(仿 尹文英);B.大中华鳋(仿《湖北省鱼病病原区系图志》);C.鲢中华鳋(仿 尹文英)

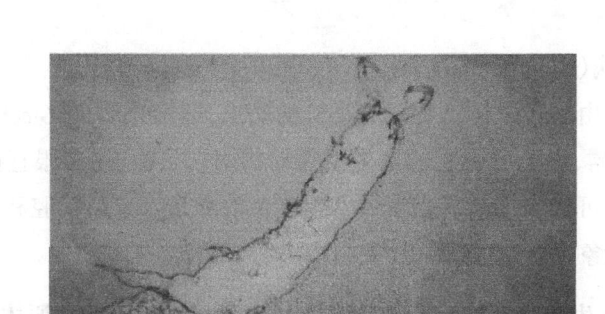

图1-11-8　大中华鳋形态(仿 黄琪琰)

(2)锚头鳋(*Lernaea* spp.)。

锚头鳋的观察:用镊子从病鱼体上取一活的锚头鳋,置于载玻片上,滴加少许聚乙烯醇或清水,放于解剖镜下观察,可见虫体细长,体节融合呈筒状,并扭转,虫体分头、胸、腹三部分。头胸部长出头角(分背角与腹角),头部呈锚状分枝;头胸部顶端中央具有一个较小的头叶、头叶上有1个中眼,2对触角和口器,口器由上唇、下唇及大颚、小颚、颚足组成。胸部细长,由6节组成,前端细,向后逐渐变粗大,雌性成虫的胸部有5对游泳足,但相当退化,在其末端的腹面有1对排卵孔。在生殖节常挂着1对长约2~3 mm卵囊。卵囊之后为腹部,腹部不分节,末端有1对极小的尾叉(图1-11-9、图1-11-10)。

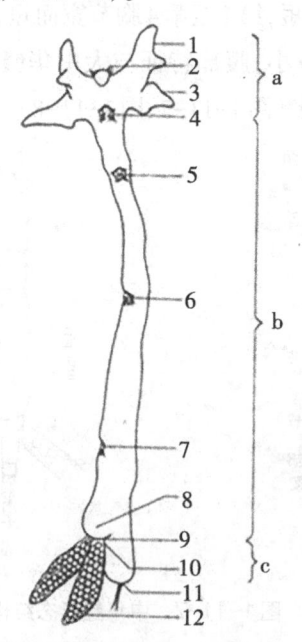

图1-11-9　锚头鳋的结构(仿 尹文英)

a.头胸部;b.胸部;c.腹部

1.腹角;2.头叶;3.背角;4.第1胸足;5.第2胸足;6.第2胸足;7.第4胸足;8.生殖节前突起;9.第5胸足;10.排卵孔;11.尾叉;12卵囊

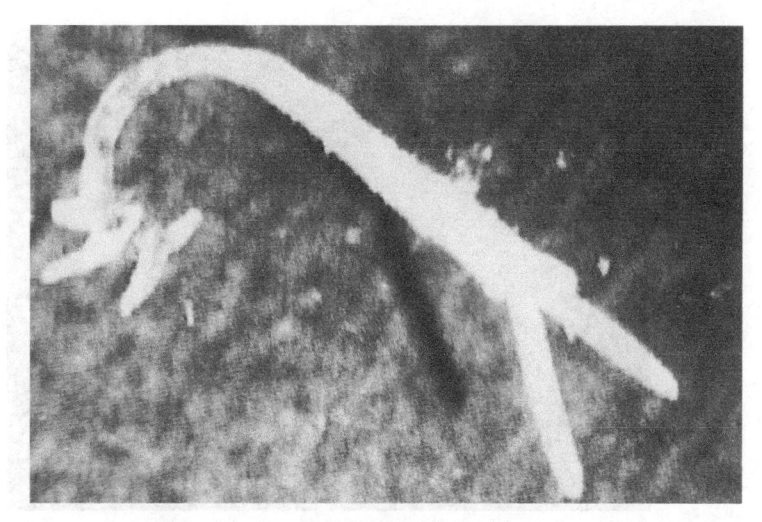

图1-11-10 锚头鳋形态(仿George P)

(3)鲺(*Argulus* spp.)。

鲺的观察：可从患病鱼体上用镊子取一活的鲺，置于载玻片上，滴加少许聚乙烯醇或清水，放于解剖镜下观察，可见虫体分头、胸、腹三部分。头胸部，由头部和第一胸节相连形成马蹄形的背甲，背甲两侧叶对称，达于腹部，在其腹面边缘布满无数倒生的小刺；头部腹面有一对用来牢固地吸附在鱼体上的吸盘和一个用来刺破寄主皮肤的口刺(位于两个吸盘间)，口刺的下面为口器。还有复眼一对，呈肾脏形，由许多小眼组成，外围有透明的血窦；中间有1只中眼，由3个单眼组成；在吸盘和口刺后面长着一对触肢；胸部有4节，每节腹面长着一对游泳足。腹部不分节，为一对扁平、长椭圆形的叶片，前半部相连，是充满血窦的呼吸器；在2叶中间凹陷处有一对很小的尾叉，上有数根刚毛。不同鲺品种，其体长有所差异。日本鲺，雌性全长3.8～8.3 mm，雄性全长2.7～4.8 mm(图1-11-11、图1-11-12)。

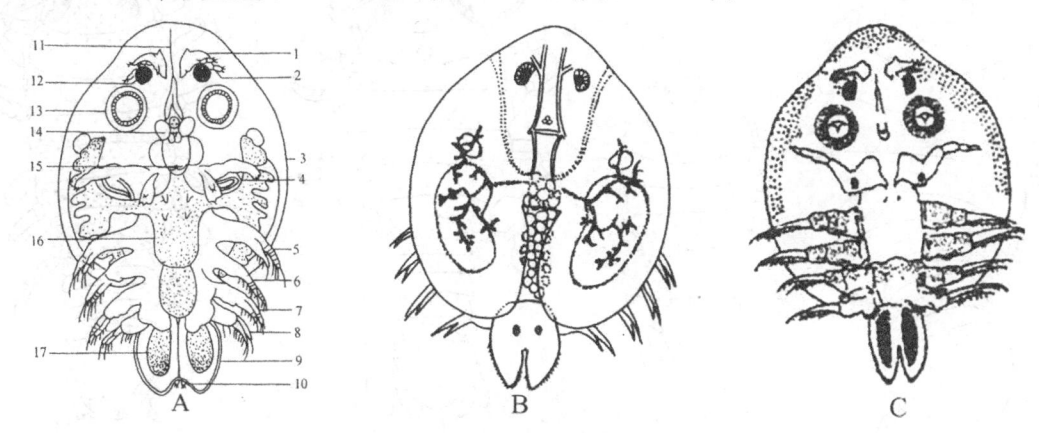

图1-11-11 鱼鲺的形态结构
A.鲺腹面观(模式图)(仿《中国动物图谱》)；B.日本鲺雌体背面观；C.日本鲺雌体腹面观(仿《湖北省鱼病病原区系图志》)
1.第1触角；2.第1触角；3.背甲；4.颚足；5.第1胸足；6.第2胸足；7.第3胸足；8.第4胸足；9.腹足；10.尾叉；11.口刺；12.复眼；13.吸盘；14.单眼；15.口；16.肠；17.精巢

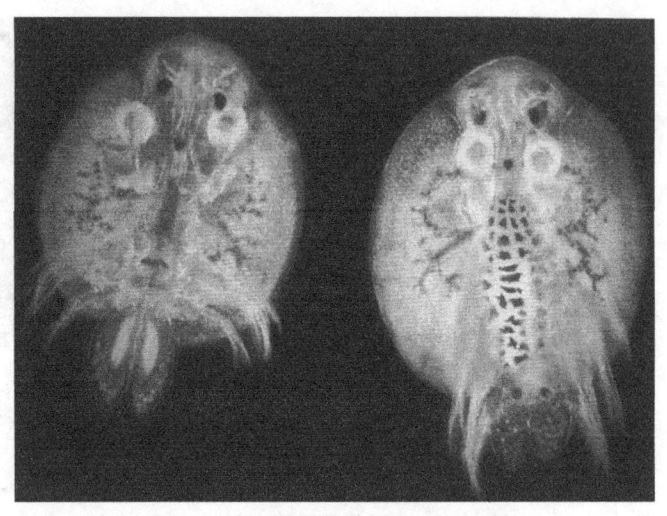

图1-11-12 鱼鲺形态(仿 烟井喜司雄)
左为雄虫,右为雌虫

(4)鱼怪。

鱼怪病的病原为日本鱼怪(*Ichthyoxeniosis japonenis*),主要寄生在鲫鱼、雅罗鱼、鲤鱼体上。鱼怪的观察:可用镊子从患病鱼病灶取出鱼怪,置于培养皿中,在解剖镜下观察,可见雌鱼怪比雄鱼怪个体大。雄鱼怪个体大小为(0.6~2.0)cm×(0.34~0.98)cm,一般左右对称;雌鱼怪为(1.4~2.59)cm×(0.75~1.8),常扭向左或右。虫体卵圆形,分头、胸、腹三部分。头部短小,近似三角形,其背面两侧有1对呈"八"字形排列的复眼。胸部共7节,宽大而隆起,每节上都有胸足1对。腹部共6节,前5腹节各有双肢型腹肢1对,第6腹节又称尾节,半圆形,在其两侧分别有双肢型尾肢1对(图1-11-13、图1-11-14)。

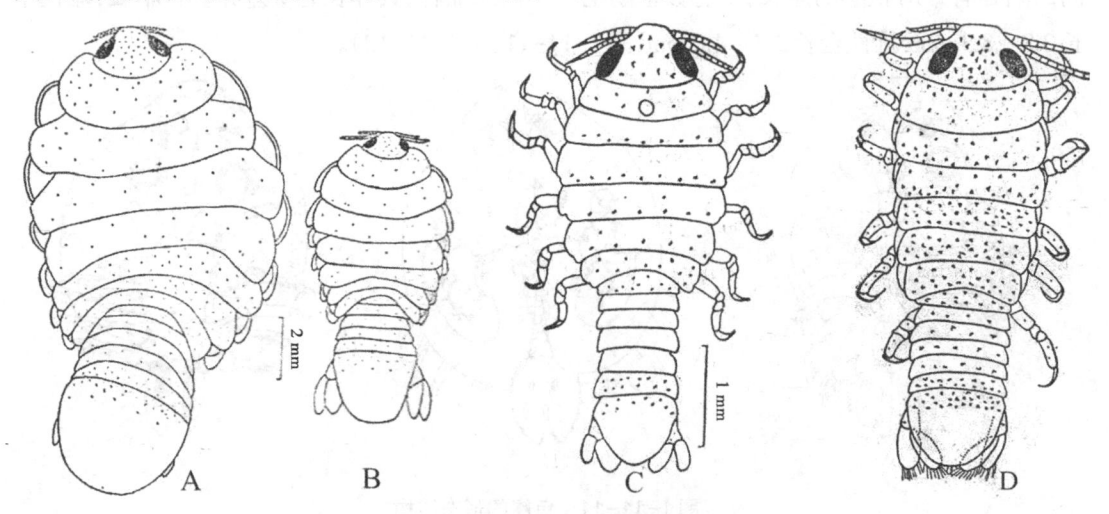

图1-11-13 日本鱼怪形态
A.雌鱼怪;B.雄鱼怪;C.第1期幼虫;D.第2期幼虫(仿 黄琪琰)

图 1-11-14　鱼怪形态(仿 汪开毓)

(5)钩介幼虫(*Glochidium*)。

钩介幼虫的观察:在病鱼皮肤、鳍、鳃上,肉眼可见白色点状孢囊。刮取孢囊制片后在解剖镜或低倍显微镜下观察,可见虫体略呈杏仁形,有几丁质壳2片,每壳片的腹缘中央着生1个鸟喙状的钩,钩上有许多小齿,背缘有韧带相连。侧面观可见闭壳肌和4对刚毛,在闭壳肌中间有一根细长的足丝。钩介幼虫长0.26~0.29 mm,高0.29~0.31 mm(图1-11-15)。

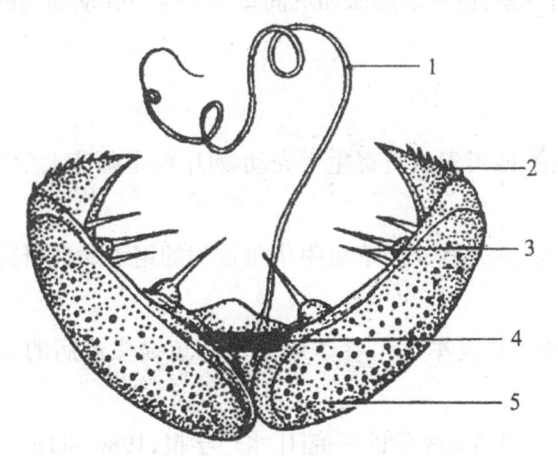

图 1-11-15　钩介幼虫的结构(仿《湖北省鱼病病原区系图志》)
1.足丝;2.钩;3.刚毛;4.闭壳肌;5.壳

【注意事项】

1.大中华鳋与鲢中华鳋在外形上相似,注意观察虫体体型及其头部、胸节的形态等重要特征。

2.锚头鳋寄生方式是以头部钻入鱼体,在用镊子将其取出时,最好先把寄生处的皮肤和肌肉撕开,以防拉断锚头鳋头部。

3. 鱼鲺成体大而扁平,肉眼可见,但寄生在鱼体上的鱼鲺往往形成与宿主体色相仿的体色,须注意观察,不然很难发现。

4. 检查辨认寄生甲壳动物形态结构特征,直接在解剖镜或低倍显微镜下观察。

5. 观察新鲜病变标本时,不要急于将寄生虫制片镜检或取出观察,应先观察其在宿主体上自然的寄生状况或病灶部位的病变特点。

6. 观察药物浸泡的病变标本时,不得取出瓶内标本来观察。

【思考题】

1. 绘图说明大中华鳋、多态锚头鳋、日本鲺及钩介幼虫的形态结构特征,并注明所绘结构图各部分名称。

2. 简述大中华鳋病、多态锚头鳋病的主要症状,并说明这两种病原体对鱼类的危害性。

【实验拓展】

借助水产养殖生产实习或参与教师相关科研项目的机会,积极收集寄生甲壳动物病大体标本和病原标本进行观察,进一步加深和巩固鱼类寄生甲壳动物病的相关知识和技能。

【拓展文献】

1. 张其中,马成伦. 四川省鱼类寄生甲壳动物[J]. 西南师范大学学报(自然科学版),1994,19(1):58-61.

2. 郑德崇,黄琪琰,蔡完其,等. 草鱼中华鱼蚤病的组织病理研究[J]. 水产学报,1984,8(2):107-113.

3. 吴海荣,周春霞,黄爱军,等. 春季顽固性草鱼锚头蚤病的治疗[J]. 黑龙江畜牧兽医,2014(5):120-121.

4. 黄琪琰,钱嘉英. 鲫鱼鱼怪病的研究[J]. 水产学报,1980,4(1):71-80.

第二部分　综合性实验

实验1　水产动物病原菌的分离纯化与鉴定

细菌数量大、种类多,广泛分布于自然界,主要包括土壤、水源、空气、动物机体等。细菌可以造福人类,也可以成为致病的原因。我们在研究某一种细菌的特性时,首先要获得该细菌的纯种培养。细菌的分离培养是一种从混杂微生物群体中获得单一菌株纯培养的方法。在进行动物疾病检疫时,细菌分离培养是一项重要的环节。培养出来的细菌用于研究、鉴定和应用等。获得致病菌是诊断和治疗细菌性疾病的前提。

【实验目的】

1. 掌握水产动物细菌性病原分离、培养与纯化的基本方法与程序。
2. 了解细菌鉴定的方法,熟悉常用的细菌生理生化反应及原理。
3. 了解所分离细菌性病原的形态特征及培养特性。

【实验原理】

通过细菌分离培养来获得单一菌株,利用微量生化反应管来鉴别不同的细菌,从而在宏观方面对致病菌进行鉴定。细菌细胞生化反应的过程是细菌细胞代谢过程,代谢过程主要是酶促反应的过程。细胞通过产生胞外酶(Exoenzymes)释放到外界环境与物质发生反应。不同种类的细菌,由于其细胞内新陈代谢的酶系统不同,因而对底物的分解能力存在差异,对营养物质的吸收利用、分解排泄及合成产物的产生等均有差异。因此,检测某种细菌能否利用某种物质及在此过程中产生的代谢物与合成物,确定细菌合成和分解代谢产物的特异性,就可鉴定出细菌的种类。随着生物技术的发展,分子生物学技术在细菌鉴定过程中起到重要作用,通过扩增特定的基因来进行鉴定,相比生理生化实验具有更高的准确性。

【实验用品】

1. 材料

人工感染嗜水气单胞菌的鲫鱼(或草鱼)。

2. 器具

解剖盘、解剖刀、解剖针、手术剪、镊子、接种环、灭菌培养皿、酒精灯、载玻片、盖玻片、药棉、纱布、记号笔、手套、标签纸、超净工作台、生化培养箱、离心机、电子天平、显微镜、解剖镜、电泳仪和水平电泳槽、PCR仪、凝胶成像分析系统等。

3. 试剂

75%酒精、无菌蒸馏水、无菌鱼用生理盐水、微量生化管、革兰氏染色试剂盒、细菌基因组DNA提取试剂盒等。

【实验方法】

1. 培养基的制备

(1)普通肉汤培养基。

配方:牛肉膏5 g,磷酸氢二钾1 g,蛋白胨10 g,氯化钠5 g,蒸馏水1000 mL。刚配好的培养基呈酸性,故要用NaOH调整pH为7.4~7.6。将调好pH的肉汤培养基用滤纸过滤,再分装于锥形瓶等容器中,待灭菌。

(2)普通营养琼脂培养基。

配方:普通肉汤培养基1000 mL、琼脂20 g。

琼脂是从海藻中提取的一种多糖类物质,对病原性细菌无营养作用,但在水中加温可溶解,冷却后可凝固。在液体培养基中加入1.5%~2%琼脂即可固定培养基,如加入0.3%~0.5%则成半固体培养基。

普通营养琼脂平板:将盛有普通琼脂的锥形瓶紧握手中,若觉得烫手但仍能握持的时候,此时的温度即为倾倒平皿的合适温度(50~60 ℃),每个灭菌培养皿倒入约15~20 mL培养基,迅速将皿盖盖上,并将培养皿置于桌面上轻轻旋转,使培养基平铺于皿底,即可制成普通琼脂平板。

2. 病原菌的分离

(1)无菌分离病原菌。

用酒精棉球(签)对症状明显的患病鱼进行体表消毒,用无菌手术剪从靠近肛门的地方沿腹部向头部方向剪开,再沿侧线向前剪开,用无菌镊子小心地揭开腹壁,暴露出腹腔和内脏器官。

(2)平板划线接种。

首先将解剖刀刀片在火焰灼烧,迅速压印在鱼的肝、肾等器官表面,杀死表面的杂菌,然后在灼烧部用无菌剪刀剪开一缝隙。然后用无菌接种环小心蘸取缝隙处的组织液,轻轻旋转1~2圈后取出,在普通营养琼脂平板表面进行分区划线接种。最后在培养皿底部用记号笔注明接种材料、日期等基本信息。

(3)培养与观察。

将接好种的平板倒置放入28 ℃恒温培养箱中培养24 h后观察平板表面的菌落的形态特征(颜色、大小、形态、透明度、表面等),将培养平板置于4 ℃冰箱保存备用。

3. 病原菌的鉴定

(1)细菌革兰氏染色。

首先在一洁净的载玻片表面滴加一滴无菌蒸馏水,用无菌接种针取平板表面菌落少许,在载玻片上与蒸馏水混合均匀,载玻片于室温自然干燥,于火焰上方通过2~3次,热固定后进行染色;将玻片平放于染色隔架上,滴加草酸铵结晶紫溶液,经1~2 min,用洗瓶水冲洗,使玻片直立,流掉多余水,再放于染色架上;加革兰氏碘溶液于玻片上媒染,作用1~3 min后,同上水洗;加95%酒精脱色,静置0.5~1 min,同上水洗;加稀释的石炭酸复红(或沙黄水溶液)复染10~30 s;最后用吸水纸吸干玻片表面的水分,彻底干燥后油镜镜检。

(2)细菌生理生化鉴定。

由于各种微生物的新陈代谢类型不同,对各种物质利用后所产生的代谢物也不同,可以利用化学反应来鉴定细菌的种类。具体做法:在超净工作台中将纯化细菌接种于生理生化鉴定管中,进行氧化酶、葡萄糖、麦芽糖、柠檬酸盐、鸟氨酸脱羧酶、赖氨酸脱羧酶、硝酸盐、明胶、脲酶、乳糖、酪氨酸、DNA酶等生理生化测定实验。鉴定结果参照《伯杰细菌鉴定手册》(第九版)对菌株进行初步鉴定。

(3)分子生物学鉴定(课外选做实验)。

分子生物学鉴定主要是利用分子生物学原理对病原菌进行16S rDNA测序鉴定,主要操作步骤包括:细菌基因组DNA的提取、16S rDNA的PCR扩增和基因序列比对分析。

①细菌基因组DNA的提取。

提取过程按照DNA提取试剂盒说明书进行。具体步骤：过夜培养的细菌液1 mL，10000 r/min离心30 s，收集菌体→加180 μL digestion buffer（溶解缓冲液）和20 μL蛋白酶K，摇匀。56 ℃水浴30 min→加入200 μL BD buffer，混匀，70 ℃水浴10 min→加入200 μL无水乙醇，混匀→放吸附柱进收集管中，将所得溶液和半透明纤维状悬浮物全部加入吸附柱中，室温静置2 min，12000 r/min离心3 min，倒掉滤液→再次放吸附柱进收集管中，加入500 μL PW溶液，10000 r/min离心1 min，倒掉滤液→再次放吸附柱进收集管中，加入500 μL wash buffer，10000 r/min离心1 min，倒掉滤液→再次放吸附柱进收集管中，10000 r/min离心2 min，离去残留的乙醇→取出吸附柱，放入一个新的离心管中，加入50 μL洗脱液，静置3 min，10000 r/min离心1 min收集DNA→所得DNA溶液-20 ℃保存备用。

②16S rDNA的PCR扩增。

用于16S rDNA的PCR反应引物为一对通用引物：正向引物27F: 5'-AGAGTTTGATCMTGGCTCAG-3'；反向引物1492R:5'-TACGGHTACCTTACGACTT-3'。PCR反应体系（50 μL）为：10×PCR缓冲液（含Mg^{2+}）5 μL，dNTP（5 mmol/L）1 μL，引物BSF8/20和引物BSRl541/20各1 μL，模板DNA 1.5 μL，Taq酶（5 U/μL）0.5 μL，重蒸水40 μL，石蜡油30 μL。PCR程序如下：94 ℃预变性5 min→94 ℃变性30 s，54 ℃退火30 s，72 ℃延伸1 min 30 s，如此循环30次→72 ℃变性5 min→最后4 ℃下继续变性10 min。PCR产物的纯化和测序工作交由相关测试公司完成。

③基因序列分析。

根据测序结果所得的16S rDNA，与GenBank数据库中的所有已测定的原核生物16S rDNA进行比对，确定该菌株的分类地位。利用Blast搜索软件从GenBank数据库中调出相关菌株的16S rDNA序列，最后运用MEGA 5.0软件进行系统树的绘制。

【注意事项】

1. 分离、接种时严格按照无菌操作进行。
2. 革兰氏染色过程中涂片务求均匀，切忌过厚，染色过程中染液不可干涸。
3. 很多生化实验已经有市售的微量生化鉴定管，免去了配制培养基的烦琐，可方便快速得到结果，但是也易因为人为因素造成假阴性，在使用前注意其是否过期。
4. 若为有毒有害实验除注意个人防护外还应注意不能污染环境。
5. 细菌分子鉴定需要注意的事项。

【思考题】

1. 水产动物常见的细菌性病原菌主要有哪些?
2. 解释细菌生化实验的原理。
3. 鉴定细菌的种类包括哪些步骤?

【拓展文献】

1. 黄浦江,程俊,冯卫权,等.草鱼源致病维氏气单胞菌的分离鉴定及药敏分析[J].基因组学与应用生物学,2021,40(Z1):2047-2053.
2. 陆英杰,杜玉东,王志彪,等.疑似草鱼嗜水气单胞菌的分离鉴定及药敏试验[J].中国畜牧兽医,2013,40(07):62-65.
3. 刘枝华,况文明,王伦,等.鲤鱼肠道中4种细菌的分离与生化鉴定[J].贵州畜牧兽医,2020,44(01):45-49.
4. 朱成科,刘桂嘉,张争世,等.岩原鲤致病性维氏气单胞菌的分离与鉴定[J].中国人兽共患病学报,2017,33(06):526-534.
5. 李晨阳,王利,吴开年.鲫鱼金黄杆菌的分离、生理生化鉴定及分子生物学鉴定[J].黑龙江畜牧兽医,2018(15):127-129.

实验 2

渔用疫苗的制备及其应用

我国是水产养殖大国,水产养殖业蓬勃发展,养殖品种多种多样,养殖技术不断提高。但由于养殖观念落后和鱼病研究相对滞后,大多数水产疫苗处于空白状态,病害防治上仍以化学方法为主。其中抗生素和化学药物的滥用已导致病原菌耐药性增强,并对生态环境造成巨大压力,同时危及消费者的身体健康,并直接影响到我国的国内生产总值。特别是我国加入世界贸易组织(World Trade Organization,WTO)后,以出口为导向的水产品面临极大的技术壁垒。随着人们对抗生素等药物使用安全性认识的加深,安全等级已从以前的"靶动物安全"上升到"人类食品安全"和"环境安全"。因此,作为符合环境友好和可持续发展战略的病害控制措施,疫苗已逐步成为国际现代化水产养殖业的标准生产需要。

【实验目的】

1. 了解细菌性鱼病免疫预防的基本原理。
2. 了解疫苗的种类和免疫途径。
3. 掌握渔用组织浆灭活疫苗的制备方法。

【实验原理】

随着水产养殖业的繁荣发展,养殖密度加大,各种传染病也大肆暴发,使水产养殖业遭到重创。渔用疫苗目前是国际上水产疫病防控的主流技术。渔用疫苗是利用人工灭活、减毒或基因工程等方法将具有良好免疫原性的水生动物病原或其代谢产物制成可免疫水生动物病害并产生特异性免疫保护力,从而起到预防疾病的一类生物制品。根据不同的分类标准,渔用疫苗可分成不同的种类。根据不同的疫苗生产工艺可以分为:灭活疫苗、活疫苗、基因工程疫苗以及亚单位疫苗。其中,灭活疫苗是通过物理、化学方法将具有免疫原性的病原灭活后制成的疫苗。

【实验用品】

1. 材料

人工感染嗜水气单胞菌的鲫鱼(或草鱼),25~50 g 的健康鲫鱼(或草鱼)。

2. 器具

离心机、水浴锅、电子天平、冰箱、解剖盘、解剖刀、大手术剪、小手术剪、大镊子、小镊子、研钵、注射器、纱布、锥形瓶、漏斗、移液管、石蜡、水族箱等。

3. 试剂

蒸馏水、鱼用生理盐水、福尔马林、70%酒精、50%中性甘油磷酸缓冲液、青霉素、链霉素、90%晶体敌百虫。

【实验方法】

1. 疫苗制作

(1) 原毒疫苗的制备。

取典型患病的鲫鱼(或草鱼),用碘酒消毒鱼体腹部,用消毒剪刀剖开鱼腹,再用消毒镊子取出肝、脾、肾等内脏,称重后置于研钵或组织研磨器中磨成糊状,加5倍鱼用生理盐水,用双层纱布过滤于锥形瓶中,弃去滤渣。

(2) 疫苗去毒。

将上述制成的原毒疫苗,放在水浴锅中加温至60~65 ℃保持2 h。

(3) 防腐保存。

取已水浴去毒疫苗在琼脂培养平板上划线接种,并将平板放入恒温箱中培养,以检查疫苗的去毒程度;往去毒疫苗中加入福尔马林,每100 mL疫苗加福尔马林1 mL。然后将疫苗装进小封口瓶,以石蜡封口,放在冰箱中待用。

2. 鱼体注射

(1) 麻醉鱼体。

用1/500~1/400的晶体敌百虫药液浸洗鱼体。一可使鱼体麻醉,便于注射;二是可以杀灭鱼体上寄生虫。

(2) 免疫注射。

将制备好的去毒疫苗加入等量生理盐水稀释,一般按体重0.25 kg以内的草鱼注射稀释后的疫苗0.1 mL,0.25~0.5 kg的注射0.2 mL,一般采用胸鳍基部和背部肌肉注射。

根据群众的实践证明,土法疫苗不仅在放养时作免疫预防注射,而且在发病鱼池中作治疗注射也能收到明显疗效。从这点看来,土法疫苗有被动免疫的功能。这可能由于鱼体从自然感染到出现典型病症时,有一个过程。在这个过程中鱼体本身已产生了相应抗体,所以用自然病鱼脏器所制成的疫苗,本身就有抗原和抗体的混合成分,注射到病鱼身上就能提高其抗病力。

【注意事项】

1. 疫苗质量要安全可靠,不用时要避光冷藏。

2. 疫苗启封后应及时用完。若一次使用不完,可用无菌注射器抽取所需的疫苗,仍按上述方法稀释注射液,剩余的疫苗及时用石蜡或胶布将针眼封死,严防杂菌感染,以便下次使用。

3. 扩大原毒疫苗来源的方法:可以用原毒疫苗对草鱼或鳙鱼进行背鳍肌肉注射,以扩大感染,经2~4 d,草鱼或鳙鱼即可发病,此时可用该病鱼脏器制作组织灭活疫苗。

4. 一般将疫苗保存于5~8 ℃,有效期为1年。

5. 各种鱼类都有形成抗体的最适温度。如将水温提高到25 ℃时,注射草鱼出血病疫苗,鱼体能在一周内迅速形成大量抗体,达到免疫效果。

6. 抗原量太少,不能刺激抗体的产生;过多,不但不能刺激抗体量的增加,反而会形成抗体组织的特异性麻痹。

7. 现场操作要避免阳光直射,用剩的疫苗不宜冷藏过久,以防变质。

8. 注射疫苗后要加强饲养管理,增强鱼的体质,尤其要在饲料中增添蛋白质、维生素、胱氨酸等物质,促进抗体的产生。

【思考题】

1. 怎样进行草鱼细菌性"三病"的免疫注射?
2. 疫苗制备过程中有哪几个问题需要特别注意?为什么?
3. 你认为疫苗制作和注射的方法存在哪些问题?你有何改进意见?

【拓展文献】

1. 张莉娟. 鳜弹状病毒病减毒活疫苗候选株的筛选、纯化及其免疫原性分析[D]. 上海:上海海洋大学,2018.

2. 何亚鹏,时晓,李博,等. 杀鲑气单胞菌灭活疫苗的制备及免疫效果评价[J]. 水产养殖,2020,41(04):47-48.

实验 3

双向琼脂扩散实验的抗原鉴别及抗体效价测定

双向免疫扩散实验（Double immunodiffusion test）是一种分析鉴定抗原、抗原特异性、抗体纯度和抗体效价的试验，即抗原和抗体分子在凝胶板上扩散，二者相遇并达到最适比例时形成沉淀线。双向免疫扩散试验在水产动物血清学诊断和免疫化学分析方面也具有重要意义。

【实验目的】

1. 掌握双向琼脂扩散实验的基本流程和操作技巧。
2. 观察认识抗原抗体在琼脂中形成的免疫沉淀线，理解其免疫反应原理。
3. 了解双向琼脂扩散试验在水产动物疾病检测中的应用。

【实验原理】

抗原和抗体在凝胶中相互扩散并形成沉淀的反应称为免疫扩散反应。其具体原理是当抗原和抗体相向扩散至两者浓度达到特定比例时，即会出现乳白色的沉淀线。此方法被称为Ouchterlony技术。本实验具有对抗原定性鉴定、抗体效价测定、抗原抗体纯度分析和不同来源的抗原抗体成分比较等功能。

若两孔间有多条沉淀线，表明存在相应数量的抗原抗体系统，可通过此特征分析抗原或抗体的纯度。沉淀线形成的位置与抗原、抗体浓度有关。抗原浓度越大，形成的沉淀线距离抗原孔越远；抗体浓度越大，形成的沉淀线距离抗体孔越远（图2-3-1）。此外，当中间固定抗原的浓度，稀释抗体，可根据沉淀线的出现情况，测定抗体效价；反之，中间固定抗体浓度，稀释抗原，可根据已知浓度抗原沉淀线的位置测定抗原的浓度。

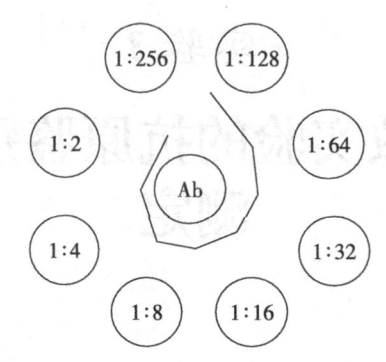

图2-3-1 双向琼脂扩散凝胶平板中出现的不同距离比的沉淀线

【实验用品】

1. 材料

血清：山羊抗兔血清(抗体)、兔血清、牛血清、马血清、鼠血清。

2. 器具

打孔器(约3 mm)、吸管、毛细管、载玻片、恒温培养箱、滤纸等。

3. 试剂

1%离子琼脂(配方见附录一中的配方十九)、生理盐水。

【实验方法】

1. 双向琼脂扩散实验的抗原鉴别

(1)将配制好的1%的离子琼脂冷却至约60 ℃，吸取2 mL左右至水平放置的载玻片上，并使其均匀分布，防止流失。

(2)待琼脂凝固后用打孔器打孔，分为一个中间孔和四个外围孔，孔径均在3 mm左右，周边孔与中间孔保持5 mm左右。

(3)利用毛细管在中央孔内添加山羊抗兔血清，周围孔添加其他四种血清，切勿溢出孔外，编号记录。

(4)将玻片放入有湿滤纸的培养板中，置于37 ℃恒温培养箱孵育24～48 h后取出观察结果。

2. 抗体效价检测

(1)将上述配制好的1%的离子琼脂以同样的方式添加至载玻片上，保持琼脂厚度在1～2 mm左右。

(2)待琼脂凝固后用打孔器打孔，按照图2-3-1排列，分为一个中间孔和八个外围孔，孔径均在3 mm左右,周边孔与中间孔保持5 mm左右。

(3)将前述抗原鉴定实验中筛选出特异性的抗原(Ab)添加至中间孔,再将山羊抗兔血清(抗体)按二倍稀释法稀释成1:2,1:4,1:8,1:16,1:32,1:64,1:128,1:256的不同浓度,按顺时针或逆时针方向将不同稀释度(任一浓度)的抗体定量加入周围七孔,第八孔加生理盐水作为对照。

(4)将玻片放入有湿滤纸的培养板中,置于37 ℃恒温培养箱孵育24～48 h后取出观察结果。

【实验结果分析】

观察沉淀带的出现情况并画下来,在有沉淀出现的稀释抗原中,稀释倍数最大的一孔的抗原稀释倍数即为抗体效价,若最大稀释倍数仍然有条带,则可继续增加稀释倍数进行试验。

【注意事项】

1. 用毛细管添加血清时注意切勿溢出或漏在琼脂胶上,以保证试验结果的准确性。

2. 玻璃板必须仔细洗干净,制胶板时放置水平,使制得琼脂板厚度均匀。一般凝胶厚度1～2 mm为宜。

3. 琼脂应在沸水浴中充分熔化。一次配制较多琼脂液时应分装成20～50 mL小体积,避免多次再熔化改变浓度。

4. 琼脂的浓度可视气温略加调整:夏天浓度可加大至1.2%～1.5%,冬天则可以用0.8%～1.2%。

【思考题】

1. Ouchterlony技术与在液体中进行沉淀反应的技术相比,有哪些优越性?

2. 两个相邻孔的抗原抗体形成的沉淀线若呈相连、交叉或部分伸出状态,试分别分析该相连抗原间的相互关系(含相同抗原、不同抗原或部分相同)。

【实验拓展】

掌握本实验原理和操作技巧,结合Western-blot免疫学检测技术,并以病原兔源一抗制备为基础,试提出一套完整的鱼体特定病原(细菌或病毒)检测实验设计方案。

实验 4

渔用疫苗应用效果的评价

　　灭活疫苗是指先对病原体(病毒或细菌)进行培养,然后利用加热或化学试剂将其灭活。灭活疫苗可由整个病毒或细菌组成,它们的裂解片段又可组成为裂解疫苗。裂解疫苗的生产,是将微生物进一步纯化,直至疫苗仅仅包含所需的抗原成分。它既可以是蛋白质疫苗,也可以是多糖疫苗。利用制成的灭活疫苗免疫宿主动物后,能够有效抵抗该活性病原体的侵染,实现良好的免疫保护作用。其操作简单易得,在水产动物疾病控制方面也应用广泛。

【实验目的】

1. 掌握渔用全菌灭活疫苗的制备流程、方法和工艺。
2. 回顾抗体效价的检测原理和方法。

【实验原理】

　　病原细菌或病毒因受加热或化学剂的灭活作用失去原有的致病性,转变为灭活疫苗。但其本身的蛋白质结构等未发生重大改变,保留了原有的免疫原性,通过适当形式注入宿主体内后能够促使宿主产生以体液免疫为主的免疫反应。灭活疫苗产生的抗体有中和、清除病原微生物及其产生的毒素等作用,对细胞外感染的病原微生物有较好的保护效果。

【实验用品】

1. 材料

维氏气单胞菌(或其他致病菌)、同等规格的健康的鱼若干。

2. 器具

离心机、恒温培养箱、50 L水族箱、水族缸数个、增氧控制设备、稀释药品所需离心管等器材、注射器、抄网、LB固体培养基、培养皿、涂布棒、生化培养箱、恒温摇床、电子天平、三角瓶、超净工作台、灭菌锅、移液器、充氧泵、标签纸、烧杯、试剂瓶、酒精棉球、手套以及其他常规耗材等。

3. 试剂

LB 培养基(或牛肉膏蛋白胨培养基),0.5% 甲醛,灭菌生理盐水。

【实验方法】

1. 实验鱼的暂养

相同规格鲫鱼暂养一周左右,控制投喂并保持良好水质,保证水中有充足的溶解氧。

2. 病原菌灭活

将维氏气单胞菌接种于 LB 液体培养基,放置于 35 ℃ 恒温培养箱内培养 24 h,5000 r/min 离心收集菌体,用 0.5% 甲醛灭活 48 h。

3. 疫苗的安全性评价

取 100 μL 全菌灭活疫苗在 LB 平板培养基表面涂布,35 ℃ 恒温培养箱内培养 24 h~48 h,观察有无菌落长出;取一定量[约 $(1\times10^5) \sim (1\times10^7)$ cfu/g]全菌灭活疫苗注射至鲫鱼体内,观察并记录鲫鱼 7 d 的死亡率。确保全菌灭活疫苗的安全性,否则需二次处理或重新制备。

4. 口服疫苗的制备

将鲫鱼饲料配方原料和灭活疫苗按照不同比例制成口服疫苗,制备流程按常规饲料配制流程操作,也可对成品饲料进行疫苗喷洒处理。

5. 免疫处理

在水族箱中开展免疫鲫鱼实验。设置对照组和不同疫苗剂量的口服免疫组,每组 20 尾以上,可设置 2~3 个重复。口服免疫组每天投喂疫苗 2 次,连续投喂 28 d,保持良好水质条件。

6. 攻毒处理

根据不同病原菌株的毒力,以约 $(1\times10^5) \sim (1\times10^7)$ cfu/g 的维氏气单胞攻毒免疫鲫鱼,统计 7 d 内鲫鱼的死亡率。免疫保护率(RPS)的计算公式为:

$$RPS=(对照组死亡率 - 试验组死亡率)/对照组死亡率\times100\%$$

【实验结果分析】

绘制攻毒后对照组和不同灭活疫苗剂量组中鲫鱼的时间-存活率曲线,分析灭活疫苗的剂量是否影响其免疫保护率,判断本次制备的灭活疫苗免疫保护效果。

【注意事项】

1.如果采用灭活疫苗注射的方式免疫,常需多次接种。接种1剂不产生具有保护作用的免疫,仅仅是"初始化"免疫系统,须通过接种第2剂或第3剂后才能产生保护性免疫。

2.病原菌须妥善保管和处理,所有使用过的器具或不用的病原菌需灭菌处理,防止通过地下水等各种方式扩散至环境中,造成潜在的污染。

3.对鱼的死亡情况进行实时观察,死鱼要及时捞出并统一用塑料袋装好放至-20 ℃冰箱中,实验结束后统一填埋处理。

4.实验过程中注意水电安全,注射器小心使用。

【思考题】

1.灭活疫苗和减毒疫苗有何区别?两者潜在的安全性和免疫效果有何差异?列举两者的优缺点。

2.结合水产动物养殖实际及养殖环境的特点,试分析如何高效使用灭活疫苗。

【实验拓展】

可借助国内外研究,收集三种以上病原菌的灭活方式,比较各灭活方式的优缺点。

实验 5

不同方法测定渔用氯制消毒剂有效氯含量的效果评价

渔用氯制消毒剂包括漂白粉、漂粉精、优氯净、强氯精等。氯制消毒剂的消毒作用主要是次氯酸所产生，而次氯酸在空气中置放一段时间就会发生自然分解，使氯制消毒剂中的有效氯含量降低而失去消毒作用。因此，在使用时要测定消毒剂中有效氯含量以便达到更好地消毒效果。

【实验目的】

1. 了解渔用氯制消毒剂种类及其有效氯标准含量的测定方法。
2. 掌握漂白粉等氯制消毒剂有效氯含量的测定方法。

【实验原理】

凡是能溶于水，产生次氯酸的消毒剂统称为含氯消毒剂。含氯消毒剂中的有效氯，不是指氯的含量，而是指消毒剂的氧化能力相当于多少氯的氧化能力。即用一定量的含氯消毒剂与酸作用，在反应完成时，其氧化能力相当于多少质量氯气的氧化能力。因此，有效氯能反映含氯消毒剂氧化能力的大小。有效氯含量越高，药物消毒能力越强；反之，消毒能力就弱。

化验分析中测定到的有效氯是 OCl^- 转化为 Cl_2 的数量和部分溶解 Cl_2，其测定分析反应历程应是：

$$Cl_2 + 2I^- \longrightarrow 2Cl^- + I_2$$

$$OCl^- + Cl^- + 2H^+ \longrightarrow H_2O + Cl_2 \uparrow$$

$$Cl_2 + 2I^- \longrightarrow 2Cl^- + I_2$$

$$I_2 + 2Na_2S_2O_3 \longrightarrow 2NaI + Na_2S_4O_6$$

【实验用品】

1. 材料

漂白粉、维生素C(含量100 mg/片)等。

2. 器具

500 mL烧杯、500 mL容量瓶、500 mL或1000 mL量筒、移液管、玻璃棒、胶头滴管、研钵、白瓷碗、电子天平等。

3. 试剂

2 mol/L硫酸,碘化钾晶体,0.7%硫代硫酸钠($Na_2S_2O_3 \cdot 5H_2O$)溶液(精确称取$Na_2S_2O_3 \cdot 5H_2O$ 0.7 g,加少量煮沸后冷却的蒸馏水溶解,倒入100 mL棕色容量瓶,用煮沸后冷却的蒸馏水稀释至刻度,避光保存),1.0%淀粉溶液(称取可溶性淀粉1 g置于小烧杯中,加少量蒸馏水调成糊状,边搅边倒入100 mL煮沸的蒸馏水中,继续煮沸至溶液透明),蓝黑墨水,蒸馏水。

【实验方法】

1. 碘量法

取一定量的含氯消毒剂,在酸性条件下水解产生次氯酸,并氧化碘化钾而释放出等量的碘,再用硫代硫酸钠溶液与碘作用,根据所消耗的硫代硫酸钠的滴数,间接换算出有效氯的含量。具体操作方法如下。

(1)先将消毒剂配成1.0%溶液。往20.0 mL蒸馏水中加1.0%消毒剂溶液10滴,2 mol/L硫酸5滴,碘化钾10余粒,用玻棒搅匀,此时溶液为棕黄色。

(2)在暗处静置5 min,用洗净的滴管往(1)所得溶液中滴入0.7%硫代硫酸钠($Na_2S_2O_3 \cdot 5H_2O$)溶液,边滴边搅拌,待溶液呈淡黄色时加入1.0%淀粉溶液5滴,此时出现蓝色。继续用淀粉溶液滴定至溶液的蓝色刚消褪为止。用去0.7%硫代硫酸钠溶液的总滴数,即可换算为消毒剂含有效氯的百分数。

2. 蓝黑墨水法

(1)用天平称漂白粉5 g。

(2)研碎用蒸馏水稀释至100 mL,充分搅拌后静置。

(3)待溶液澄清后,用移液管取上清液,逐滴滴于白瓷碗内,共38滴,记下毫升数,并计算出每一滴上清液的毫升数。

(4)滴蓝黑墨水,边滴边搅拌,并观察颜色变化。当溶液颜色由棕变黄,最后稳定在蓝绿色时,停止滴定并记下毫升数。

(5)计算。

$$有效氯含量 = \frac{消耗蓝黑墨水毫升数}{每一滴上清液毫升数} \times 1\%$$

3. 维生素C法

(1)取维生素C片(含量为100 mg/片),压成粉状,加入15~20 mL蒸馏水使其溶解。

(2)加碘化钾晶体2小匙(约200 mg)和精制淀粉2小匙至维生素C溶液内。

(3)用吸管吸取待测定的1%漂白粉溶液,滴入上述溶液内,边滴边搅拌至出现蓝色并能保持1 min不褪色为止,记录用去的1%漂白粉溶液体积数,代入下列公式。

$$漂白粉有效氯含量(\%)=\frac{400}{用去1\%漂白粉溶液体积数}$$

【注意事项】

1.滴漂白粉上清液及蓝黑墨水时,滴管要垂直,这样滴出的量较均匀。

2.漂白粉加水搅拌。取静置澄清后的上清液测定。测定过程要在半小时内完成,所得结果才基本一致,因此要求动作要快。

3.把碘化钾和硫酸加进漂白粉溶液的试管中时,先加碘化钾,后加硫酸,次序不要颠倒。

4.吸取碘化钾的滴管不能用来吸取硫酸;同样,吸取硫酸的滴管也不能用来吸取碘化钾,专管专用,不要混淆。

5.碘化钾溶液原为透明无色液体,若发现这种溶液变为黄色时,须重新配制,否则测定结果不准确。

6.称漂白粉时,秤盘上必须加纸(纸的质量应扣除),以免漂白粉腐蚀秤盘。每次测定结束后,应立即将盛装漂白粉的玻璃瓶洗净,以免由于漂白粉对玻璃的腐蚀而致瓶内壁呈乳白色。比色管、药匙和玻璃珠等也应随即清洗,留待下次再用。

【思考题】

根据实验测定结果,计算出所测漂白粉的有效氯含量,若采用不同方法测定结果有误差,请分析原因。

【拓展文献】

1.谢芳,鲍宇刚,王传璧.有效氯含量测定的试纸法与滴定法的比较[J].中国消毒学杂志,2003,20(3)214-215.

2.魏青.碘量法测定含氯和含碘消毒剂的有关技术问题[J].中国消毒学杂志,2006,23(3):276.

3.张卓娜,张卫强,杨艳伟,等.含氯消毒剂标准物质的制备及均匀性不确定度评定[J].中国消毒学杂志,2017,34(9).

4.王劲,于礼,刘国栋,等.含氯消毒剂浓度试纸对含氯消毒剂含量测定结果分析[J].中国卫生检验杂志,2017,27(13):1848-1850.

实验 6
水产动物病理学切片的观察

病理学是研究疾病发生发展的规律,阐明疾病本质的一门医学基础理论学科。它的任务是运用各种方法研究和认识疾病的病因、发病机制,疾病过程中组织和器官的代谢、功能和形态结构的改变以及疾病的转归,从而为防治疾病提供科学的依据。通过对组织病理切片的观察,能够更细微地了解患病动物组织的变化。

【实验目的】

1. 让学生加深和巩固水产动物组织病理学基础理论。
2. 让学生掌握水产动物器官组织细胞的基本构造和组织病理学研究的基本方法。
3. 提高学生运用病理学手段进行水产动物疾病诊断、防治的能力。

【实验原理】

利用光学显微镜观察患病水产动物各器官的组织细胞结构,通过比较健康与病变器官及其组织细胞的形态差别,分析病理。

【实验用品】

1. 材料

鱼类病理组织(草鱼细菌性烂鳃病、肠炎病和鲫鱼细菌性败血症病理组织)切片标本,鱼类病理组织切片的图片资料(图2-6-1、图2-6-2、图2-6-3、图2-6-4)。

2. 器具

擦镜纸、生物切片标本盒、显微镜、标本瓶、解剖镜、蜡块、手术刀片、酒精灯、眼科镊、铅笔、载玻片、盖玻片、计时器等。

3. 试剂

香柏油、二甲苯、无水乙醇等。

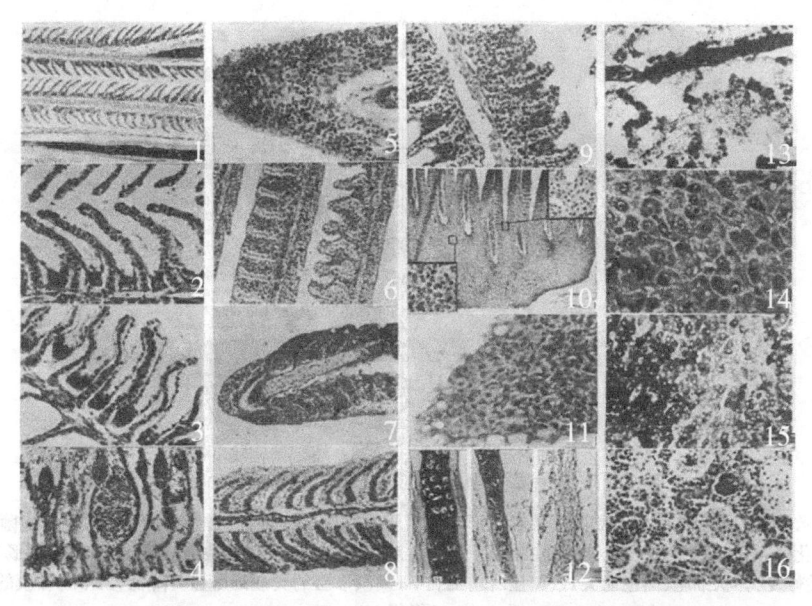

图2-6-1 草鱼细菌性烂鳃病的鳃组织病理特征（黄琪琰 等）

1.三条相邻鳃丝的病理变化：上面两条为轻度充血、渗出及增生，下面一条为鳃小片坏死；
2.部分鳃小片上皮细胞肿大变性，毛细血管轻度充血及渗出；
3.毛细血管充血、渗出，上皮细胞与毛细血管全部分离，部分鳃小片基部上皮细胞轻度增生；
4.鳃小片严重充血及出血，并有坏死；5.鳃丝末端嗜酸性粒细胞及淋巴细胞浸润；6.鳃丝内的毛细血管缺血；
7.上皮细胞严重增生，使鳃丝呈棍棒状；8.鳃小片上皮细胞从端部开始增生，使鳃小片端部先融合；
9.鳃小片上皮细胞从基部开始增生，逐渐向鳃小片顶端推进；10.相邻的鳃丝融合，形成一片上皮细胞板；
11.棍棒状鳃丝，示边缘黏液细胞增生；12.坏死的鳃丝软骨；13.鳃小片坏死，有很多鱼害黏球菌；
14.部分肝细胞颗粒变性、坏死；15.部分肝细胞内的糖原颗粒减少或消失；
16.肾近曲小管部分上皮细胞颗粒变性、水样变性，个别肾小球萎缩（7和8为Mallory氏三色染色，15为PAS染色，其他均为HE染色）

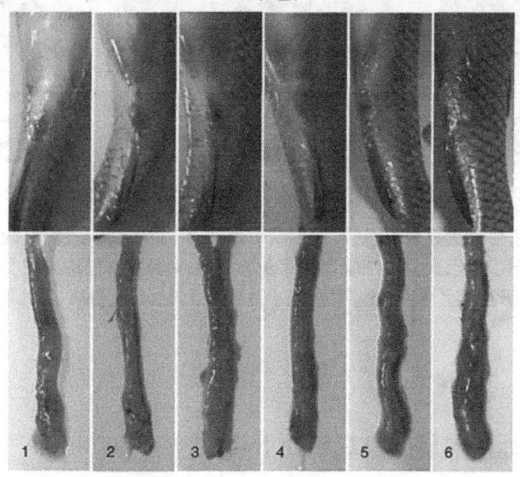

图2-6-2 嗜水气单胞菌攻毒草鱼1d后的肠炎病（Xuehong Song等）
1.对照组；2~6组攻毒浓度分别为2.7×10^4、2.7×10^5、2.7×10^6、2.7×10^7和2.7×10^8 cfu

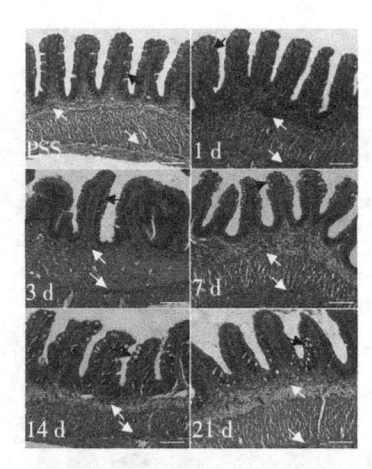

图2-6-3 攻毒后草鱼肠道组织病理特征(Xuehong Song 等)

PSS对照组显示轻微的炎症细胞浸润黏膜下层和圆形和纵肌层之间的肌间位置;其他图片为嗜水气单胞菌攻毒不同时间后肠道炎症变化,1 d时炎症细胞(白色箭头)在黏膜下层发生严重的渗透;3 d时肠黏膜出现严重的炎症,肠绒毛融合脱落;7 d肠黏膜开始修复,杯状细胞(黑色箭头)数量显著增加;14 d黏膜下层的炎症细胞显著降低;21 d肠黏膜的损伤基本完成修复

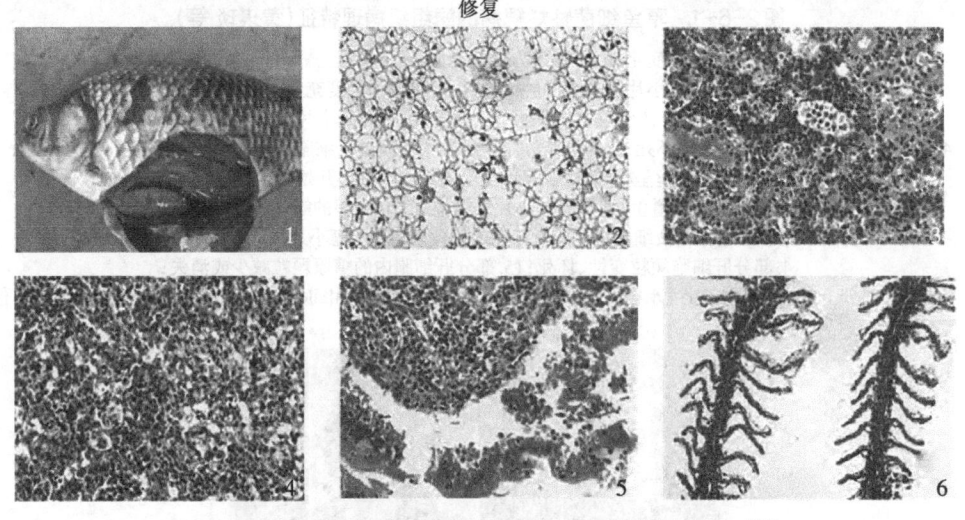

图2-6-4 鲫鱼细菌性败血症及组织病理特征(任思宇 等)

1.病鱼体表充血,肝脏肿大呈灰白色,有斑点状出血;2.肝细胞水泡变性,核浓缩,细胞结构崩解;
3.肾间质造血组织变性坏死,大量红细胞和炎症细胞浸润;4.脾脏淋巴细胞减少,嗜酸性粒细胞浸润;
5.肠黏膜上皮大量脱落;6.鳃小片呼吸上皮水肿、游离、坏死脱落

【实验方法】

鱼类病理组织切片标本的显微镜观察如下。

1. 肝的观察

肝小叶结构是否完整、正常,中央静脉及静脉窦状隙有无扩张及充血,肝细胞排列是否整齐,肝细胞有无变性及硬化,库普弗细胞(Kupffer cell)有无肿大与增生。汇管区:胆管、动脉、

静脉及间质有无异常。被膜:有无增厚或渗出物附着。

2. 消化管的观察

按黏膜层、黏膜下层、肌层及浆膜层的顺序依次观察,发现有无与正常时不一样的地方,然后注意观察该处的变化。

3. 脾脏的观察

被膜:是否增厚、有无渗出物附着。小梁:血管白髓,包括中央动脉有无硬化。红髓:脾窦是否扩张充血,窦内网织内皮细胞及多核白细胞是否增多。有无局部性病灶:如有,其结构如何。

4. 肾脏的观察

肾小球:大小,数量有多少,血管丛、细胞核有多少,是否有其他异常。肾小囊:囊壁有无肥厚及上皮细胞有无增多等。肾小管:腔的大小、内容物有无及其性状,上皮细胞的形态,有无变性及坏死。血管:叶间动脉、细动脉(入球动脉)等有无硬化或血栓形成等。间质:有无增殖、细胞浸润、血管的状态。

【注意事项】

1. 肉眼观察

以手持所要观察的切片,先用肉眼观察以下内容。

(1)是什么组织或器官:大部分切片以肉眼即可判定出是什么组织或器官,如肝、脾、肾、肠管等。分辨各组织器官对初学者也不大容易,需要反复大量观察,有了一定经验之后就容易了。

(2)切片的质厚度、颜色等是否一致:这种一致与否,不是指正常结构中不同部位上的差异,而是异常改变造成的是否一致。如一致可能是无病变,亦可能是一致性的病变;如有明显不一致的地方,如果不是正常的结构上的不同,便很可能是病灶所在之处了。在用显微镜观察时尤其是要注意此处。

2. 低倍镜观察

用肉眼观察后,辨别出切片的上下面(有极薄的盖玻片那面向上),再放入显微镜下,用低倍镜观察。

(1)观察方法:实质器官一般由外(被膜侧)向内,空腔器官由内向外逐层观察。观察每层时也应从一端开始一个视野挨一个视野地连续观察,以免遗漏小的病变。这种观察可以快一点粗略地观察一遍。若是一致性改变,然后再任选较清晰处进行详细观察;若是局灶性病变,全面观察后,便可回到病灶处详细观察。

(2)观察内容:①是何组织、器官,以印证肉眼判定的结果是否正确,以便总结提高。②根据组织学和病理学知识判定该组织是否是正常的?部分正常或部分异常?还是全部异常?

③如有病变再进一步观察,描述它是什么改变,属于哪种病变(如血液循环障碍、物质代谢障碍、炎症、肿瘤)。

3. 高倍镜观察

应当指出,为了进一步清楚地观察某些病变的更微细的结构,必须在利用低倍镜全面观察之后,才能换用高倍镜观察。因为,直接用高倍镜观察既容易因调不好焦距而损坏镜头或切片,又容易漏掉病变而误诊。所以,一般是在低倍镜下找到需要用高倍镜观察的地方之后,把该处移到低倍镜的视野中央,再换用高倍镜观察所要观察的内容。

4. 油浸镜观察

在病理组织切片观察中很少用,必须将要观察部分移到高倍镜视野中央后再换用油浸镜头观察,我们的实习中不用。对绝大部分病理组织切片的观察内容都应当是在低倍镜下进行的,肉眼及高倍镜观察只起辅导作用,所以同学们应当练好这个基本功。在观察切片时要运用组织胚胎学和病理学知识,要联系各病变间有无关系;要在观察切片时密切与大体标本有何改变、临床上可能有什么表现联系起来学;以及观察切片时要遵循从实际出发实事求是等原则。这些基本都和前面观察大体标本的方法类同,这里不赘述。

【思考题】

1. 描述草鱼细菌性烂鳃病、肠炎病的临诊症状、剖检病理变化和病理组织学变化。
2. 简述鲫鱼细菌性败血症的临床症状、剖检病理变化和病理组织学变化。

【拓展文献】

1. 周瑶佳,田思璐,许佳雪,等.四川地区养殖鲫鲤疱疹病毒Ⅱ型的鉴定及病理学研究[J].水产学报,2020,44(9):1397-1407.
2. 刘韬,魏文燕,汪开毓,等.四川彭州地区养殖虹鳟传染性造血器官坏死病病毒的分离、鉴定及病理学观察[J].水产学报,2019,43(12):2567-2573.
3. 徐黎明,刘淼,曾令兵,等.一株传染性造血器官坏死病病毒的致病性研究[J].水产学报,2014,38(09):1584-1591.

实验 7

水产抗菌药物敏感性测定

抗生素在治疗细菌性疾病中发挥了重要作用,减少了经济损失。抗生素在有效治疗疾病的同时,也带来一些负面的影响,如细菌抗菌谱的增加、水产品中药物残留等问题,严重影响到人民身体健康。为缓解当前抗生素带来的耐药性问题和达到精准用药、精准治疗要求,开展药敏实验探究病原菌的耐药性显得尤为重要。由此得出一个合理的理论结果,给临床选用抗菌药物提供理论参考,提高疗效。

【实验目的】

1. 熟悉和掌握纸片扩散法检测细菌对抗菌药物敏感性的操作程序和结果判定方法。
2. 了解药敏实验在实际生产中的重要意义。
3. 掌握最低抑菌浓度测定方法及意义。

【实验原理】

细菌对抗菌药物的敏感性实验简称细菌的药敏实验,是指在体外测定药物抑菌或杀死细菌的能力,可以为临床治疗感染性疾病选择敏感药物,也可了解细菌耐药情况。通常使用的有 K-B(Kirby-Bauer)纸片扩散法和最小抑菌浓度实验(Minimum inhibitory concentration, MIC)等。

K-B 纸片扩散法:将含有定量抗菌药物的纸片贴在已接种试验菌的琼脂平板上,纸片中含有的药物吸取琼脂中的水分溶解后便不断向纸片周围扩散形成递减的药物浓度梯度。若纸片周围实验菌生长被抑制,就会形成透明的抑菌圈。根据抑菌圈直径大小,来判定测试菌对测定药物的敏感度。敏感度可判定为敏感(S)、中介(I)和耐药(R)。同时,抑菌圈的直径与该药物对测试菌的最小抑菌浓度(MIC)呈负相关,即抑菌圈越大,MIC越小。

最小抑菌浓度(MIC):培养基内待测药物的含量倍数稀释法递减并接种适量的细菌,经培养后,观察抑菌作用。凡能抑制试验菌生长的最高药物稀释度为该药的最小抑菌浓度。

【实验用品】

1. 材料

嗜水气单胞菌、爱德华氏菌、温和气单胞菌等。

2. 器具

培养皿、接种环、移液器、1 mL无菌枪头、1 mL刻度无菌吸管、酒精灯、镊子、记号笔、游标卡尺、恒温培养箱、干燥箱、高压蒸汽灭菌锅等。

3. 试剂

无菌生理盐水、0.5麦氏标准比浊管、含抗菌药的干燥药敏纸片、普通营养琼脂培养基等。

【实验方法】

1. 实验准备。

(1) 药敏纸片的准备。

药敏纸片可在相关微生物或生化试剂有限公司购买，也可采用下列方法自制。

①纸片的制作：取定性滤纸，用打孔机打成6 mm直径的圆形小纸片。取50个圆纸片放入清洁干燥的青霉素空瓶中，瓶口以单层牛皮纸包扎，1.02 kg高压灭菌30 min，并在60 ℃下烘干即可。

②抗菌药敏纸片的制备。

往上述含有50片纸片的青霉素瓶内加入0.25 mL待测抗菌药物药液，并翻动纸片，使各纸片充分浸透药液，然后小心地翻动纸片，同时在瓶身上记下药物名称，放入37 ℃恒温箱内过夜，干燥后密闭保存。然后置于干燥低温处存放，有效期3~6个月。

(2) 药液的制备。

按商品药的使用治疗量的比例配制药液。如商品药百病消按其说明治疗量0.01%饮水，可按这个比例配制药液，即取10 mg药品加入到10 mL水中混匀。此稀释液即可用作药敏试验的药液。

2. 试验方法

(1) 在超净工作台中，挑取待检单菌落于无菌液体培养基中培养，制备成0.5麦氏单位的细菌悬液，用灭菌棉签轻轻地将待检细菌悬液均匀涂布于平皿培养基表面，待其表面菌液风干后进行后续试验。

(2) 将镊子用酒精灯火焰灼烧灭菌等其降温后，取药敏纸片贴到平皿培养基表面。然后用镊子轻按几下药敏片使其与培养基紧密相贴。为了能够让观察结果更准确，将药敏纸片有规律地分布于平皿培养基上并做好药敏纸片标记。

(3)将平皿培养基置于37 ℃培养箱中培养24 h,观察效果。

判定标准:抗菌药物药敏试验结果应根据各药物的使用说明标准进行判定。

(4)结果观察与抑菌圈大小的测量。

在涂有细菌的琼脂平板上,抗菌药物在琼脂内向四周扩散,其浓度呈梯度递减,因此在纸片周围一定距离内的细菌生长受到抑制。过夜培养后形成一个抑菌圈,抑菌圈越大,说明该菌对此药敏感性越大,反之越小;若无抑菌圈,则说明该菌对此药具有耐药性。其直径大小与药物浓度、划线细菌浓度有直接关系。采用游标卡尺测量抑菌圈大小,以毫米为单位,并精确到小数点后一位。

【注意事项】

1. 培养基应根据试验菌的营养需要进行配制

倾注平板时,厚度要适宜(约5~6 mm),不可太薄,否则在操作时容易划破培养基。

2. 细菌接种量

细菌接种量应恒定。如太多,抑菌圈变小,能产酶的菌株更可破坏药物的抗菌活性。

3. 药物浓度

药物的浓度和总量直接影响抑菌试验的结果,需精确配制。药品应严格按照其推荐治疗量配制。

4. 培养时间

一般培养温度和时间为28 ℃下培养8~18 h。有些抗菌药扩散较慢,如多黏菌素,可将已放好抗菌药的平板培养基,先置于4 ℃冰箱内2~4 h,使抗菌药预扩散,然后再放到37 ℃培养箱培养,可以推迟细菌的生长,而得到较大的抑菌圈。

【思考题】

1. 请分析牛肉膏蛋白胨琼脂培养基中各成分的作用?这种培养基的营养及pH适于哪种微生物生长?

2. 为什么配培养基加蒸馏水?自来水中盐类多,营养成分比蒸馏水丰富,是否可用自来水配培养基?

3. 高压蒸汽灭菌注意点及操作流程。

4. 如何筛选对嗜水气单胞菌药敏实验敏感的渔药?

【拓展文献】

1. 黎姗梅,吴柳青,许飘尹,等.黄沙鳖致病性蜡样芽孢杆菌的分离鉴定及药敏试验[J].西南农业学报,2020(03):673-680.

2. 李绍戊,王荻,曹永生,等.怀头鲇体表溃烂症病原鉴定及致病性分析[J].水产学报,2018,42(09):1446-1453.

3. 柯文杰,孙斌斌,覃华斌,等.加州鲈源普通变形杆菌分离、鉴定及药敏分析[J].水产学杂志,2020,33(02):29-34.

4. 龙波,王均,陈德芳,等.加州鲈源维氏气单胞菌的分离、鉴定及致病性[J].中国兽医学报,2016,36(01):48-55.

5. 杨昆明,张文润,马江霞,等.鲟源致病性鲁氏耶尔森菌的分离、鉴定及药敏研究[J].水产科学,2019,38(01):48-54.

实验 8

水产动物细菌性疾病的人工感染实验

将从水产动物病灶分离到的纯培养菌，以人工感染方式接种到健康的同种类水产动物体内，观察其是否发病，或发病情况是否与自然发病症状一致。以此确定所分离的细菌是否具有致病性，或是否为该种水产动物的致病菌。这对确定是否需要再对所分离的细菌做进一步鉴定提供了必要条件，具有重要意义。

【实验目的】

通过本实验，熟悉并掌握水产动物人工感染实验的设计、条件、操作步骤和方法，以及试验结果的计算、分析和报告等全过程。

【实验原理】

水产动物细菌人工感染实验的接种方法有注射、浸泡、口服、涂抹等。具体何种方法最合适，需要根据不同疾病类型和可能的侵入途径而定。如属体表疾病，可采用浸泡法；属体内疾病，可采用注射法等。

经过反复人工感染实验后，根据被感染对象出现的发病症状，便可知其所分离的细菌是否具有致病性，然后对分离的细菌进行一系列的细菌学鉴定来确定其分类地位，并通过药物敏感性试验确定对疾病防治药物的选用，这对水产养殖生产具有重要的指导意义。

【实验用品】

1. 材料

健康鲜活的鱼、蛙或其他水产动物。

2. 器具

注射器、离心管、针头、镊子、酒精棉球、解剖盘、纱布、毛巾、玻璃器皿、麦氏比浊管、水族箱、充气泵、溶氧仪、温度计等。

3. 试剂

灭菌生理盐水、MS-222等。

【实验方法】

1. 实验鱼

用于人工感染的鱼应健康、无外伤、摄食正常,来自同一养殖场同批次的个体大小基本一致的鱼类。实验前在实验环境下暂养7~10 d。每组不少于50条,设不少于3个平行重复组。

2. 菌悬液制备

将感染用菌株在液体培养基中增殖,3000 rpm离心5 min收集菌体,洗涤3次,用无菌生理盐水悬浮。用麦氏比浊法调整菌液浓度,使其调整到0.5个麦氏比浊浓度,根据相应鱼体大小注射菌悬液,对照组注射等量的生理盐水。

3. 注射方法

感染前,实验鱼用MS-222麻醉,用湿毛巾裹住鱼体头部,以适量的菌悬液注射鱼体,以无菌生理盐水作为对照。

(1)腹腔注射:注射部位为腹鳍基部无鳞片处。用酒精棉球擦拭注射部位,用灭菌注射器抽取菌悬液,针尖斜向鱼的头部,与鱼体呈30°左右的角度插入腹腔,注射深度为1~1.5 cm,每尾鱼注射0.1~0.2 mL。注射后停留2~3 s再抽出针尖,防止菌液渗出。

(2)肌肉注射:注射部位在鱼背鳍前端与侧线之间的中部区域。用酒精棉球擦拭注射部位,针尖斜向鱼头部,与鱼体呈30°左右的角度插入肌肉,注射深度在1~1.5 cm,每尾鱼注射量为0.1~0.2 mL。缓慢注射后停留2~3 s再抽出针尖,防止菌液渗出。

4. 结果观察与记录

每天记录实验鱼的死亡数量,连续观察10 d,计算10 d内的死亡率,据此计算实验对象50%死亡率的感染计量(LD_{50})。

【注意事项】

1.采用注射法中的腹腔注射时,针尖刺入鱼体不宜过深,以免伤及内脏。

2.实验期间,对照组鱼死亡率不得超过10%。

3.实验期间,菌液实测浓度不能低于设置浓度的80%。如果实验期间菌液实测浓度与设置浓度相差超过20%,则应该以实测菌液浓度来表示实验结果。

4.实验期间,尽可能维持恒定条件。

5.实验应设一平行组。

6.要做好详细记录。

【思考题】

1. 何谓半数致死浓度剂量(LD_{50})或半数致死浓度(LC_{50})？它与药物的安全浓度有什么关系？

2. 半数致死剂量(LD_{50})或半数致死浓度(LC_{50})受哪些因素的影响？

【拓展文献】

1. 班赟.复方氟苯尼考注射液的体外抑菌试验及对人工感染巴氏杆菌仔猪的临床治疗试验[D].咸阳：西北农林科技大学,2016.

2. 李成伟.南方鲇鮰爱德华氏菌的分离鉴定及其感染的动态病理学与病原分布研究[D].成都：四川农业大学,2012.

第三部分 设计性实验

实验1

渔药对鱼类的急性毒性实验

　　渔药的发展与水产养殖业、药学的发展密不可分。渔药属于药物的范畴。药物可以治疗、预防动植物疾病,还可以调节动植物机体代谢,增加动植物营养。毒物与药物是相对的概念,药物超量或超时使用可能会转变为毒物。在人工养殖过程中盲目用药出现死亡等意外事故时有发生,或因滥用药物未达到预期的防治效果,从而造成更大的损失。目前,市场上渔药多且杂,针对常用渔药的安全使用存在很大的盲目性,而且鱼病的发生及盲目的治疗对环境也造成了负面的影响,因此渔药的合理使用至关重要。通过鱼类急性毒性实验可以测定得到半致死浓度、安全浓度,为鱼种培育及养殖生产中的病害防治提供参考资料。

【实验目的】

1. 掌握鱼类急性毒性实验的原理和操作方法。
2. 观察并记录鱼类中毒症状。
3. 掌握半致死浓度的计算方法。

【实验原理】

急性毒性实验是指高浓度或较高浓度的渔药短时间内对鱼类产生一定有害作用的实验。在急性毒性实验中,使鱼类半数死亡的渔药浓度为半致死浓度,用LC_{50}表示。半致死浓度是衡量存在于水中的有毒物质对鱼类毒性大小的重要参数。在比较各种污染物的毒性、不同种或不同发育阶段的动物对污染物的敏感性以及环境因素对毒性影响方面的研究中,都以LC_{50}为依据。

【实验材料】

1. 材料

健康鲜活草鱼种或其他鱼类。

2. 器具

实验鱼缸、捞鱼网、烧杯、溶氧测定仪、量筒、直尺、温度计、pH计、计时器、胶头滴管、电子天平等。

3. 试剂

漂白粉、强氯精、二氧化氯、辛硫磷等(任选一种)。

【实验方法】

(1)以小组为单位,每组两个鱼缸,测量并计算出缸中水的体积。

(2)母液的制备。

将不同渔药用蒸馏水溶解稀释100倍制成母液备用。

(3)实验鱼的准备。

每组选择正常健康实验鱼10尾,测量其全长、体长、体重等。

(4)预实验(确定正式实验所需药物浓度范围)。

设置不同浓度梯度,可选择较大范围浓度系列。如1000 mg/L、100 mg/L、10 mg/L、1 mg/L、0.1 mg/L等,采用静态水养殖,不设平行组,实验持续48～96 h。定时观察和记录死鱼数,并及时捞出死鱼。计算出24 h 100%死亡浓度和96 h 无死亡浓度。如果实验结果无法确定正式实验所需浓度范围,应另设浓度梯度再次进行预实验。

(5)正式实验。

根据预实验结果,在24 h 100%死亡浓度和96 h 无死亡浓度之间至少设置5个浓度组,并以几何级数排列。每个浓度组设2～3个平行组,每一系列设一空白组,每组实验鱼10～20尾。

各组实验溶液准备完成后,从驯养鱼群中随机迅速捞出实验鱼于各浓度组中。同一实验,所有实验鱼应在30 min内分组完毕。在24 h、48 h、72 h、96 h后检查受试鱼状况,如果实验鱼停止不动且触碰无反应即可判定该鱼已死亡。观察并记录死亡鱼数目,将死鱼从容器中取出。实验开始后观察各处理组鱼的状况并记录实验鱼的异常行为(如鱼体侧翻,失去平衡,呼吸急促,四周狂游等)。

实验开始和结束时测定水体pH值、溶解氧量、温度等,实验期间每天至少测定一次。至少在实验开始和结束时测定容器中实验液的药物浓度。

实验结束时,对照组的死亡率不得超过10%。

(6)数据处理。

以暴露浓度为横坐标,死亡率为纵坐标,在计算机或对数概率纸上,绘制暴露浓度-死亡率的曲线。用直线内插法或常用统计程序计算出24 h、48 h、72 h、96 h的半致死浓度(LC_{50})值,并计算95%置信限。

如果实验数据不适于计算LC_{50},可用不引起死亡的高浓度和引起100%死亡的最低死亡浓度估算LC_{50}的近似值,即这两个浓度的集合平均值。

(7)渔药急性毒性分级。

依据LC_{50}值的大小,可以将渔药的急性毒性分为剧毒、高毒、中等毒、低毒和微毒5级,如表3-1-1所示。

表3-1-1　渔药毒性分级标准

鱼起始LC_{50}/(mg·L^{-1})	<1	1~100	100~1000	1000~10000	>10000
毒性分级	剧毒	高毒	中等毒	低毒	微毒(无毒)

【注意事项】

1. 稀释药液的顺序应从低浓度到高浓度,以免误差太大。
2. 实验期间,对照组鱼死亡率不得超过10%。
3. 实验期间,渔药实测浓度不能低于设置浓度的80%。如果实验期间渔药实测浓度与设置浓度相差超过20%,则应该以实测渔药浓度来表示实验结果。
4. 实验期间,尽可能维持恒定条件。
5. 实验应设一平行组。
6. 要做好详细记录。

【思考题】

1. 鱼类受到药物刺激后表现出哪些典型症状?
2. 如何通过实验比较几种渔药对同种鱼类毒性的大小?

【实验拓展】

1. 比较半致死浓度的几种计算方法。
2. 怎样测量渔药的安全浓度。

实验 2
药物剂量与药物作用的关系

药物剂量-效应关系(浓度-效应关系)是药理学中的重要概念。其中药物效应与渔药浓度的关系密切,通常以纵坐标表示渔药效应强度,横坐标表示渔药剂量,可得到一条直方双曲线,这条曲线则为量效曲线。借助有效的量效曲线数据可进一步计算出药理学中的各项指标,如药物的无效量、最小有效量(阈剂量)、半数有效剂量(ED_{50})、极量、最小中毒剂量、致死量、半致死量(LD_{50})、安全浓度、治疗指数(TI)等。

【实验目的】

1. 学习不同浓度的抗菌药物在液体培养基和鱼体中发挥抑菌功效的变化规律,借助药物体内外实验,掌握量效曲线中各指标的含义和计算方法。

2. 通过综合性实验的训练,学生能够掌握进行药理学实验的基本方法和操作技能。

3. 通过本实验的训练,学生应能独立完成养殖生产中药效评价方面的实验设计与结果分析。

【实验原理】

在渔业生产中,药物效应通常以无效量、最小有效量(阈剂量)、半数有效剂量(ED_{50})、极量、最小中毒剂量、致死量、半致死量(LD_{50})、安全浓度、治疗指数(TI)等指标体现。而在体外药物抑菌实验中还包含最小抑菌浓度(MIC)、最小杀菌浓度(MBC)等。不同抗菌药物的抑菌机制虽有一定差异,但它们所发挥的药物效应均为抑制病原菌的增殖或杀灭病原体,防止其对鱼体造成损害。其中部分指标可通过绘制量效曲线直接观测。如体外药物抑菌实验中的MIC、MBC,鱼体实验中的无效量、最小有效量、最小中毒剂量、致死量等。此外,部分指标需通过数据计算分析后来体现。其中治疗指数 $TI = LD_{50}/ED_{50}$,而 LD_{50} 和 ED_{50} 需要根据药物剂量-效应结果计算得出。计算方法又有许多种,包括序贯法、线性回归法、概率单位法、寇氏法、孙氏改良的寇氏法等。

以比较简单易操作的概率单位法为例,其具体运算步骤为:将浓度换算成对数值 X,将各浓度对应的死亡发生频率换算成概率单位 Y,即将死亡发生的"S"形曲线直线化,再按照模型 $\bar{y} = a + bx$ 建立直线回归方程,在此基础上令 $Y = 5$ 计算半数致死浓度。其运算方法为:计算出

$\bar{x}$、$\bar{y}$、$\sum(X-\bar{x})^2$、$\sum(Y-\bar{y})^2$、$\sum(X-\bar{x})(Y-\bar{y})$，从而计算出 $b=\dfrac{\sum(X-\bar{x})(Y-\bar{y})}{\sum(X-\bar{x})^2}$，$a=\bar{y}-b\bar{x}$，$y=a+bx$，令 $\bar{y}=5$ 计算出 x 则为半数致死浓度。

通过此类指标反应渔药的有效性和安全性。一般认为，MIC、MBC、ED_{50} 值越低，药效更强；LD_{50} 值越低，毒性越大；TI 值越大，药物安全性越高。

【实验用品】

1. 材料

嗜水气单胞菌或维氏气单胞菌等具有一定毒力的病原菌；同等规格下健康的鱼类若干，如鲫鱼；待测抗菌药物等。

2. 器具

生化培养箱、恒温摇床、电子天平、三角瓶、试管若干、超净工作台、灭菌锅、移液器、分光光度计、培养皿、注射器、约 50 L 养殖水箱若干、充氧泵、标签纸、烧杯、试剂瓶以及其他常规耗材。

3. 试剂

LB 培养基（或牛肉膏蛋白胨培养基），灭菌生理盐水。

【实验方法】

1. 药物体外抑菌实验

（1）药液的制备：选取适当的浓度范围，通常按照药物浓度两倍稀释，设置五组以上的浓度组，配制药物母液。

（2）培养基的制备：按照附录一中 LB 培养基或牛肉膏蛋白胨培养基配方配制无菌液体培养基，三角瓶装好后灭菌。

（3）病原菌准备：试验开始前需培养好待测病原菌。

（4）不同浓度药液的制备：在超净工作台内将无菌液体培养基分装至灭过菌的带塞小试管中，每支试管约 5 mL，按照设定的药物浓度梯度在试管中添加适量的药物母液，使其终浓度为目标梯度，贴上标签。

（5）接种：每支试管接种相同微量体积的病原菌，另需设置无菌培养基对照组和接种后不加药对照组。

（6）肉眼观察结果：将试管放置于恒温摇床内过夜培养后观察细菌的生长情况。其中，随药物浓度上升开始出现浑浊度降低时所对应的浓度就是药物的 MIC 值，而培养基透明无变化组中的最低浓度则为药物的MBC值。

(7)微生物生长标准曲线的绘制:一方面,取培养好的稳定期菌液,按不同的稀释倍数(如1倍、5倍、10倍、20倍、40倍、80倍,可调整)依次进行稀释,以空白组调零,在660 nm标准波长下,测得不同浓度菌液的吸光度;另一方面,按照LB或牛肉膏蛋白胨固体培养基配方提前制备好无菌平板若干,在超净工作台分别吸取不同稀释倍数的病原菌100 μL至固体平板表面均匀涂布,每个稀释度可重复2～3次,贴标签,28 ℃恒温培养箱过夜培养,统计各平皿的菌落形成单位(cfu),并求出同一稀释度各平皿生长的平均cfu。运用Excel或生物统计Origin数据分析软件,以吸光度ABS值为横坐标,不同稀释倍数菌液浓度为纵坐标绘制A-C标准曲线。

(8)抑菌效果检测:利用分光光度计660 nm波长下测定步骤6中各样品的吸光值,借助A-C工作曲线计算出病原菌的浓度;进一步根据不同药物浓度处理下的病原菌生长情况数据来绘制药物体外抑菌量效曲线,包括ED_{50}值等指标的计算。

2. 药物体内抑菌实验

(1)实验鱼的暂养:相同规格鲫鱼暂养一周左右,控制投喂并保持良好水质,保证水中有充足的溶解氧。

(2)根据前述体外实验结果,选取具有良好抑菌效果的药物,根据实际情况通常设置5组以上的浓度组(化药通常可在0～50 mg/L范围内设定,中草药提取物通常可在10～500 mg/L范围内设定),按照不同的剂量添加至不同实验水体中充分混匀,每个浓度组可重复2～3次。

(3)鱼体攻毒:按照约$(1×10^5)$～$(1×10^7)$cfu/g剂量对鱼体进行攻毒(具体根据病原菌毒力和宿主敏感性而定,可开展攻毒预实验,选取合适的攻毒剂量),放置于实验水体中,每个浓度组的试验鱼需超过20尾。

(4)观察统计结果:2h、6h、12h、1～7 d分别检查鱼的患病情况,对鱼的状态进行描述及死亡率的统计。

【实验结果分析】

根据统计结果绘制药物剂量-效应曲线,进一步根据不同药物浓度处理下的病原菌生长情况数据来绘制药物体外抑菌效果曲线,获取药物的无效量、最小有效量(阈剂量)、半数有效剂量(ED_{50})、极量、最小中毒剂量、致死量、半致死量(LD_{50})、安全浓度、治疗指数(TI)等参数。根据得出的各项指标对药物的有效性和安全性进行综合评估。

【注意事项】

1.药物体外抑菌实验需在无菌环境下操作完成,要求操作人员具备较熟练的微生物操作能力。
2.体内外实验时药物浓度梯度设定要求范围适中,以保证能够充分获取相应的指标参数,使MIC、MBC值的确认以及EC_{50}、TI值的计算等各项数据准确可靠。

3.药物母液需准确检测计算并配制,确保终浓度正确,病原菌感染量也应适中,可通过预实验予以确定,保证观察出明确有效的实验结果。

4.对鱼的死亡情况进行实时观察,死鱼要及时捞出并统一塑料袋装好放至-20 ℃冰箱,实验结束后统一填埋处理。

5.实验过程中注意水电安全,注射器小心使用。

【思考题】

1.测定ED_{50}的目的和意义分别是什么?计算ED_{50}的方法有哪几种,其原理和优缺点分别是什么?

2.药物浓度梯度设置的方式通常有哪些?预实验在本实验药物浓度设置和病原菌感染量确定中的意义是什么?

3.作为安全有效的水产抑菌药物,最小有效量(阈剂量)、半数有效剂量(ED_{50})、极量、最小中毒剂量、致死量、半致死量(LD_{50})、安全浓度、治疗指数(TI)等各指标参数有哪些特点?

【实验拓展】

在完成药物剂量与药效实验的基础上,可进一步缩小浓度范围,对浓度梯度设计进一步细化收缩。如浓度等差梯度设定,开展不同浓度和时间下的药效实验。

【拓展文献】

1.李翠萍,吴民耀,王宏元.3种半数致死浓度计算方法之比较[J].动物医学进展,2012,33(9):89-92.

实验 3

不同给药方式对水产动物药效的效果评价

药物从用药部位进入血液循环的过程称为药物吸收,药物吸收是药物发挥作用的重要前提。其中影响渔药吸收的因素众多,如药物自身的理化性质、剂型、剂量、渔药间相互作用、贮藏、养殖水环境和给药方式等。其中给药方式可直接影响药物的吸收程度和速度。因此,该因素也是影响药物吸收的最大因素。

【实验目的】

1. 通过本次实验,了解不同给药方式中药物对机体代谢规律的影响,同时检测不同给药方式对药效的影响。

2. 实验结束后能得出正确实验结果,通过药代学及药效学的理论知识对结果进行合理分析,进一步巩固和加深对渔药合理应用的理解。

3. 通过综合性实验的训练,学生能够熟悉不同给药方式的基本流程,并掌握相关的操作技能。

4. 学生接受本课程训练后,应能独立完成养殖生产中药物药理学方面的实验设计与结果统计分析。

【实验原理】

临床医学上,主要有吸入给药、口服给药、舌下给药、注射给药、经皮给药、直肠给药等方式。而渔药的使用通常应遵循有效性、安全性、便捷性和经济性等基本原则,常用的给药方式包括口服、浸浴、泼洒给药和悬挂法等,而对观赏鱼、亲鱼等特殊群体通常还可借助注射和涂抹等特殊的给药方式。相同药物通过不同的给药方式可产生不同的药理学作用。一般认为,在不同给药方式下,渔药吸收的快慢顺序为:注射法＞口服法＞浸浴法≥涂抹法≥泼洒＞悬挂法。总之,在渔业生产中,针对水产动物不同类群和不同的发育阶段,给药方式也应当做出合理的选择和调整。此外,不同给药方式的药效依然需借助第三部分 实验2中的药理学指标予以体现,例如ED_{50}值越低,药效更强;LD_{50}值越低,毒性越大;TI值越大,药物安全性越高。

【实验用品】

1. 材料

嗜水气单胞菌或维氏气单胞菌等具有一定毒力的病原菌;同等规格健康的鱼类若干,以鲫鱼为例；待测抗菌药物等。

2. 器具

水族缸数个、增氧控制设备、稀释药品所需离心管等器材、注射器、抄网、LB固体培养基、培养皿、涂布棒、生化培养箱、恒温摇床、电子天平、三角瓶、超净工作台、灭菌锅、移液器、约50 L养殖水箱若干、充氧泵、标签纸、烧杯、试剂瓶、酒精棉球、手套以及其他常规耗材。

3. 试剂

LB培养基(或牛肉膏蛋白胨培养基)、灭菌生理盐水。

【实验方法】

1. 实验鱼的暂养

相同规格鲫鱼暂养一周左右，控制投喂并保持良好水质，保证水中有充足的溶解氧。

2. 不同给药方式下药物母液的制备

根据第三部分 实验2的体外实验部分结果，选取具有良好抑菌效果的药物，分别设置药物浸浴、注射和泼洒三种给药方式，每种给药方式可设置2~3组不同的用量，可分组完成后进行数据汇总。其中注射组通常按鱼体重计算用药量，如抗生素类用量通常可设定在1~50 mg/kg范围内，需用生理盐水溶解稀释；浸浴组按浸浴水体体积计算给药，可设定10~200 mg/L左右高浓度，将鱼放置在药液中浸浴一定时间后放置于养殖水体中；药物泼洒组的浓度一般低于浸浴组，大致可在1~50 mg/L范围内设定。具体可根据药物药效进行适当调整，每种用药方式设定多组浓度组便于计算其ED_{50}值等指标。

3. 病原菌的检测及攻毒剂量的确定

(1)按附录LB培养基配方，灭菌后制备平板。

(2)病原菌在特定条件下培养后稀释涂布检测：在离心管中以10^{-1}倍稀释病原菌，稀释10个梯度，每个平板吸取100 μL于超净台内均匀涂布，放置于培养箱培养。

(3)结果观察：培养12~24 h后观察，对形成适当菌落数量(20~50个左右)的平板进行计数，并结合对应的稀释倍数计算病原菌的菌落形成单位(cfu)。

(4)可设置不同的病原菌注射量对鱼体进行预攻毒实验，选取合适的感染量用于后续实验。

4. 鱼体攻毒

根据实验计划选取足够数量的鲫鱼，按照攻毒预实验结果[一般按照约$(1\times10^5)~(1\times10^7)$cfu/g的剂量]对鱼体进行正式攻毒，感染1 h。

5. 不同方式用药处理

按照设定的三种给药方式对鱼体进行给药处理,每个处理组的试验鱼需超过20尾,可设置2~3个重复;同时设置非感染和感染不加药两种对照组。

6. 结果观察

2 h、6 h、12 h、1~7 d 分别检查鱼的患病情况,对鱼的状态进行描述及死亡率的统计。

7. 数据处理

根据统计结果绘制不同用药方式下的时间-药效曲线,并根据最终时间结果可计算各自最小有效量(阈剂量)、ED_{50}、治疗指数(TI)等指标。

【实验结果分析】

比较不同给药方式下的药效作用,另可结合药物的安全浓度对不同给药方式的有效性和安全性进行综合分析。此外,结合环保的理念,对不同给药方式下的药物使用量和造成的损失进行评估,分析不同用药方式的利弊。

【注意事项】

1. 不同用药方式下药物浓度梯度设定要求范围适中,范围窄的可采取等差剂量的方式进行设定,以保证实验结果计算置信性;同时,药物母液需准确计算并配制,确保最终剂量的准确。

2. 病原菌感染量也应适中,可通过预实验予以确定,保证观察出明确有效的实验结果。

3. 对鱼的死亡情况进行实时观察,死鱼要及时捞出并统一用塑料袋装好放至−20 ℃冰箱,实验结束后统一填埋处理。

4. 实验过程中注意水电安全,注射器小心使用。

【思考题】

1. 给药途径不同时,药物作用为什么有的会出现质的差异,有的会出现量的不同?

2. 列举实际渔业生产中的不同给药方式,说明选择各自给药方式的理由。

【实验拓展】

学习药物代谢动力学中不同给药方式下的药时曲线模型,也可通过特定方式检测不同用药方式下的血浆药物浓度(如高效液相色谱检测技术等),并结合药代学规律和药效试验结果进行关联性分析。

第四部分 实训

实训1

水产动物疾病临床综合检查与诊断技术

在水产动物养殖生产中,对患病水产动物进行临床综合检查与诊断极为重要。通过对养殖环境水质的检测以及饲养管理情况、发病情况、以往采用过的防治措施等现场了解,对症状典型的患病个体进行病理解剖观察和综合分析判断,可得出初步诊断结论。这有助于制订相应的治疗方案,做到尽早、及时采取对症下药等相关控制措施,对遏制或降低病害所造成的损失有着重要作用。本次实训,使学生掌握水产动物疾病临床综合检查与诊治的基本知识和基本技能,培养学生发现问题、分析问题和解决实际问题的工作能力。

【实训项目】

1. 案例

白鲢肺炎克雷伯氏菌病的临床综合检查与诊断一例。

2. 场景

2006年11月,重庆北碚某渔场所养的白鲢因病出现大量死亡,业主曾采用菊酯类渔药杀虫和氯制剂渔药消毒杀菌进行治疗,但收效甚微。对此,渔业专家特前往事发渔场现场进行临床综合检查与诊断。通过解剖检查,发现患病鱼体色正常,但鳃片、鳃耙组织溃烂颜色变微黄,鱼体其他症状不明显。由此初步诊断白鲢死亡的主要原因为病原微生物感染(图4-1-1)。

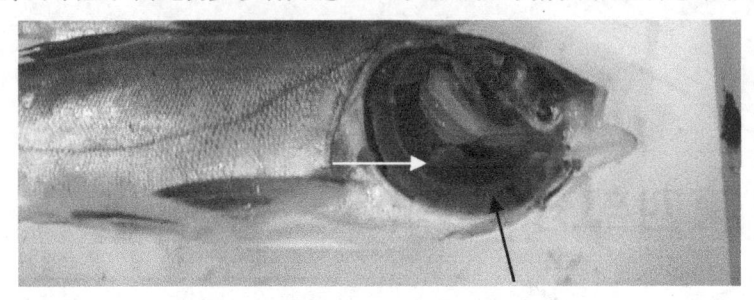

图 4-1-1　患病白鲢
鳃片和鳃耙组织溃烂颜色变微黄,分别用黑色箭头和白色箭头标示

3. 问题
(1)发病白鲢养殖水体水质情况如何?
(2)目检患病白鲢体表及鳃部有无肉眼可见的大型寄生虫寄生和病原微生物感染症状?
(3)镜检病鱼体表和鳃部黏液有无原虫等小型寄生虫寄生?
(4)解剖病鱼,观察腹腔及内脏器官有无病变?尤其肠道内有无寄生虫寄生?
(5)病原感染率和感染强度如何确定?

【实训任务】

1. 宏观观察诊断
(1)有关环境因子现场调查。

包括:了解池塘水源有无污染源及水温、水质和底质等现状;了解周围农田施肥、施药情况,池塘中是否存在某种水产动物寄生虫病的中间宿主,周围是否有某种水产动物寄生虫病的终宿主等。

(2)饲养管理情况现场调查。

包括:清塘的药品和方法;放养的种类、来源和密度;放养前是否经过消毒,消毒药品种类和消毒方法;饲料的种类、质量、用量和投喂的方法;池塘所施肥种类、来源、用量和预处理方法;养殖水环境的管理方法等。

(3)发病情况和曾经采用过的防治措施现场调查。

包括:发病时间,发病种类,患病个体在行动上有哪些异常表现,死亡情况,曾采取什么药物进行治疗和治疗的方法等。

2. 微观观察诊断
选择症状明显但尚未死亡或刚死不久的个体,采用目检和镜检相结合的方法进行检查。

(1)目检。

包括:肉眼观察患病个体体内外(含鳃)发病症状,有无大型寄生虫寄生,体表有无真菌感染等。

(2)镜检。

包括:用显微镜检查患病个体的皮肤、鳍、鳃等外部器官有无真菌感染和寄生虫寄生。

3. 综合分析宏观观察诊断和微观观察诊断结果,得出诊断结论

与指导教师共同分析诊断结果,得出诊断结论,针对结论进一步讨论治疗方案,并撰写诊断结果和治疗方案实训报告。

【实训方案】

1. 实训材料

实训的某养殖场或实习实训渔场、交通工具、显微镜、解剖镜、解剖剪、解剖刀、解剖镊、解剖针、透明度盘、载玻片、盖玻片、温度计、pH试纸、水质测定仪或测试盒、患病白鲢或其他患病鱼、现场检查诊断记录表(表4-1-1)等。

2. 操作程序

(1)制订水产动物疾病综合检查与诊断方案。

①确定前往实训的某养殖场或实习实训渔场开展水产动物疾病检查与诊断的具体时间、地点。

②现场了解养殖场的水源,查看水色并测定养殖水体的水温、透明度,采集水样(水面下50~80 cm处),可用便携式水质分析仪或水质检测试剂盒对水样的pH值、溶解氧、氨氮、亚硝酸盐和硫化物等常规水质指标进行现场测定。

③询问养殖的品种、苗种来源、规格大小和放养密度等。

④了解清塘消毒药物及其使用方法、日常防病措施、使用的药物和使用方法等。

⑤查看发病池中水产动物的活动、病情、摄食等情况;了解发病时间、患病种类及其规格大小、每天死亡的种类和数量、采取过什么药物治疗及其用法用量、治疗效果如何等。

⑥询问或测定发病池塘的面积、水深等。

⑦选择几尾(个)患病濒死或刚死不久、症状典型的水产动物作为检查对象立即进行检查诊断。如现场无法诊断出结果,需冷藏保鲜后尽快处理带回实验室进行进一步检查诊断。

目检:肉眼观察患病个体的体形及口腔、鼻孔、眼球、肛门、鳞片或甲壳、鳍或附肢、四肢、头颈部、背腹甲、鳃盖、鳃、腹部、内脏器官等的颜色有无变化,有无炎症、充血、出血、贫血、肿胀、溃疡、萎缩退化、肥大增生、黏液、腹水等病理变化,有无异物附着,有无真菌或寄生虫及其孢囊等。

镜检:取待检组织或内含物,采用载玻片法或玻片压展法制作成水浸片进行显微镜观察,即刮取皮肤、鳍、鳃等外部器官的黏液,或剪取患病组织如鳃丝、鳍条等,制成水浸压片,于显微镜下检查有无真菌或寄生虫寄生。

⑧事前对检查诊断人员进行相关知识、技能和安全等培训,安排和经费预算等。

(2)根据制订的综合检查与诊断方案,按步骤实施。

(3)与指导教师对疾病的诊断结果进行讨论,并提出治疗建议方案。

(4)撰写疾病检查与诊断报告。对疾病检查与诊断的相关资料进行整理、分析,撰写疾病临床综合检查诊断报告。

3. 注意事项

(1)检查诊断过程中,要完整、准确和及时地收集资料。

(2)严格遵守实训相关纪律和规定,确保实训工作顺利开展和生命财产安全。

【结果分析】

1. 对宏观诊断结果的分析

(1)放养苗种前池塘如未清淤消毒,不排除往年在饲养过程中所发疾病再发;如投喂了变质饲料,则可能引起消化系统疾病或食物中毒;如对来自外地苗种未预先抽样检查和消毒处理,则可能将外地疾病带入本地等。

(2)如附近化工厂排污超标,可能引起水产动物中毒死亡;如养殖场附近鸥鸟越多(加上池塘内有椎实螺存在),则鱼类患双穴吸虫病的可能性越大。

(3)如同一池塘内所养殖水产动物的摄食、生长、行动以及天气都正常,但突发大量死亡或全部死亡,则应考虑是否因某种有毒物质进入养殖水体所引起;如在半夜前后发现鱼浮头,次日清晨出现大量死鱼,则通常是水中缺氧引起泛池所造成的。

2. 对微观观察诊断结果的分析

(1)传染性疾病。

用文字描述该类疾病的症状并按其严重程度分为轻微、较重和严重,分别用"+""++""+++"表示。

(2)鞭毛虫、变形虫和孢子虫病。

在高倍显微镜下1个视野中有1~20个虫体或孢子时记为"+",21~50个时记为"++",51个及以上时记为"+++",分别代表轻微、较重和严重。

(3)纤毛虫和毛管虫病。

在低倍显微镜下1个视野中有1~20个虫体时记为"+",21~50个时记为"++",51个及以上时记为"+++",小瓜虫孢囊的计数需用文字说明。

(4)吸虫、线虫、绦虫、棘头虫、水蛭、甲壳动物、软体动物的幼虫所引起的疾病。

虫体在50个及以下的均以数字说明,50个以上的则说明估计数字或者部分器官中的虫体数。例如,一片鳃、一段肠道中的虫体数(注:在物镜为10×的低倍显微镜下计数,虫体数量为同一载玻片上观察3个视野的平均数)。

【拓展提高】

1. 实训条件

根据现场检查诊断情况,结合实验室条件和现代检查诊断技术,开展如病理切片检查、免疫学技术检测、药敏试验检测、PCR仪检测等。

2. 实训方法

利用现代互联网技术,对水产动物疑难病症采用远程联合诊断(远程会诊)方法快速进行准确诊断。

【评价考核】

根据对疾病临床综合检查诊断结果,结合检查诊断方式、方法的正确操作和所收集数据资料的完整性、可靠性进行实训课题考核。具体考核综合评定如下。

1. 课题实训评定标准

实训过程成绩(100%)=出勤率(20%)+实训操作(80%)

实训报告成绩(100%)=实训预习报告(30%)+实训报告(70%)

实训总成绩(100%)=实训过程成绩(40%)+实训报告成绩(60%)

实训过程成绩和实训报告成绩均由相关实训指导教师评定。

2. 评定方法

根据考勤和实训内容完成情况及实训总结报告的质量综合评定成绩,并依据上述考核内容综合评定为优、良、中、及格和不及格五个等级。

【参考资料】

1. 唐毅,张芬,孙翰昌,等.白鲢肺炎克雷伯氏菌的分离鉴定[J].西南大学学报(自然科学版),2007,29(6):73-76.

2. 黄琪琰.淡水鱼病防治实用技术大全[M].北京:中国农业出版社,2005.

表4-1-1 水产动物疾病现场检查诊断记录表

填表时间：　　年　　月　　日

养殖场(渔场)名称						
业主姓名		联系电话		qq或微信号		
联系地址						
发病池塘基本情况	池号		面积		水深	
	清塘消毒药物种类		用量/kg		方法	
	放养种类、规格与密度					
	发病史及防治措施					
水质情况	水温/℃	pH值	透明度/cm	水色	溶氧/(mg·L^{-1})	氨氮/(mg·L^{-1})	亚硝酸盐/(mg·L^{-1})	硫化氢/(mg·L^{-1})
投饲情况	饲料品牌与型号			日投喂量/kg		
发病情况	发病鱼种类、年龄及规格					
	发病时间		开始死亡时间		死亡天数/d	
	主要临床症状：					
治疗情况	治疗措施：					
	治疗效果：					
记录人签字			养殖场(户)负责人签字			

实训 2
水产动物传染性流行病学调查

流行性病学调查对传染性疾病的防控至关重要。对群体中的病情进行调查、资料收集和分析研判,可以明确水产动物传染性疾病流行及分布规律,有助于制订对应防疫措施,达到对疫病防控的目的。本实训调查的学习使学生掌握调查流行性病学调查方法。

【实训项目】

一、案例1

1. 案例

叉尾斗鱼淋巴囊肿病毒病流行性病学调查。

2. 场景

2015—2016年,四川省某水族市场售卖的叉尾斗鱼体表出现白色或灰白色肉瘤状增生物并集中分布于病鱼背鳍、臀鳍、尾鳍及鳍条基部区域(图4-2-1)。采用PCR方法对肉瘤状增生物进行检测和进化树分析以及病理学观察,确定叉尾斗鱼肉瘤病为淋巴囊肿病毒感染所致。确定病原后,随即成立流行性病学调查小组,开展水族市场叉尾斗鱼淋巴囊肿病毒病流行性病学调查。

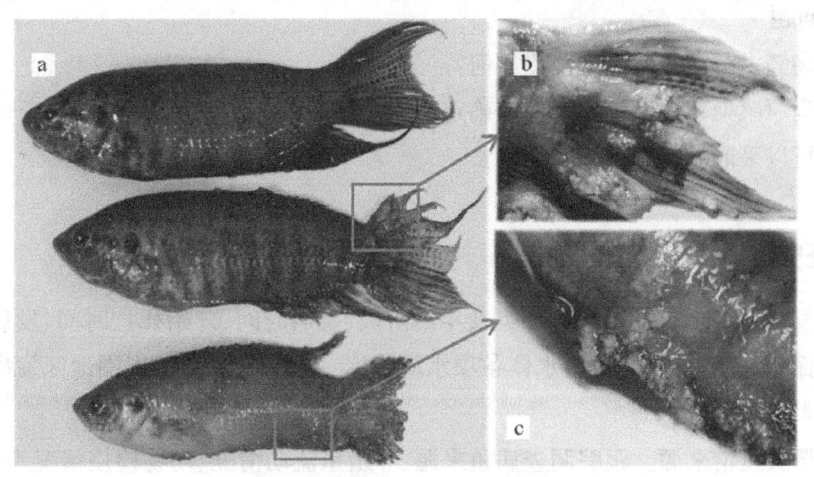

图4-2-1 体表病变(刘怡南,2018)

a.对照(上),鳍条感染(中),体表感染(下);b.鳍条充血;c.蛀鳍

3. 问题

(1)叉尾斗鱼淋巴囊肿病毒病流行规律如何?

(2)病原感染率和感染强度如何确定?

(3)可以采取的控制措施有哪些?

二、案例2

1. 案例

乌鳢内脏结节病流行性病学调查。

2. 场景

2014年6月,四川眉山某养殖场乌鳢大量发病,死亡率较高。病鱼表现出腹部膨大,内脏有典型白点或结节(图4-2-2)等症状。通过对发病乌鳢进行病原分离鉴定及回归感染,确定发病乌鳢由诺卡氏菌感染引起。随即开展眉山地区乌鳢内脏结节病流行性病学调查工作。

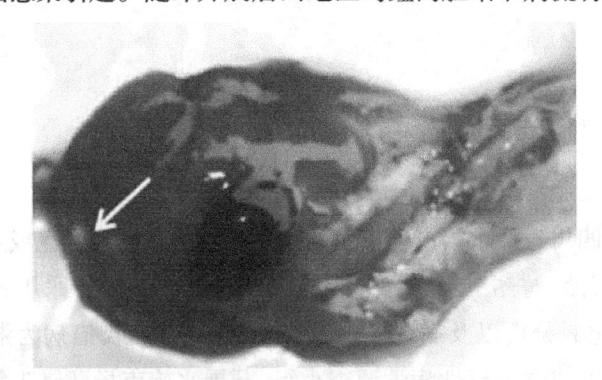

图4-2-2 肝脏表面白色结节(王二龙,2015)

3. 问题

(1)乌鳢内脏结节病流行规律如何?

(2)病原感染率和感染强度如何确定?

(3)可以采取的控制措施有哪些?

【实训任务】

(1)发病情况。包括发病鱼种类及年龄阶段、发病时间、开始死亡时间、发病季节、发病水温、养殖面积和品种密度、养殖水体各项水质指标、主要临床症状、周围地区发病情况、发病史等(见表4-2-1)。

(2)调查疫情来源。跟踪调查病鱼来源、养殖鱼流动情况、动物检疫情况等。

(3)传播途径调查。包括水平传播途径和垂直传播途径调查。

(4)与环境因子关系的调查。查询发病前后养殖水体各项水质指标检测数据并做好记录。

(5)综合分析资料,撰写流行病学报告,并与指导老师进行问题探讨。

【实训方案】

1. 实训材料

某地区养殖场、通信工具、交通工具、调查问卷(表4-2-1)等。

2. 操作程序

(1)制订流行性病学调查方案。明确调查目的、对象、区域、指标、调查方法和方式,设计调查项目和调查表,资料整理和分析,调查人员培训、安排和经费预算等。

(2)正式调查。根据调查方案进行流行性病学调查。

(3)整理、分析资料,撰写流行性病学调查报告。

3. 注意事项

(1)调查过程中,要完整、准确和及时收集资料。

(2)严格遵守相关规定,确保生命财产安全。

【结果分析】

发病率=临床症状数/发病群体总数×100%

死亡率=发病死亡数/发病群体总数×100%

病死率=发病死亡数/发病动物总数×100%

发病率、死亡率、病死率均是统计一定时间内的该疾病的发病严重程度。发病率越高,说明发病越急;死亡率越高,说明发病越严重;病死率越高,说明发病后果越严重。

【拓展提高】

实训条件:根据实际调查情况,不断丰富调查问卷。

实训方法:结合互联网技术,快速掌握疫病流行情况。

【评价考核】

根据调查结果,结合调查方式和调查范围以及数据可靠性进行最终考核。具体考核综合评定如下。

1. 课题实训评定标准

实训过程成绩(100%)=出勤率(20%)+实训操作(80%)

实训报告成绩(100%)=实训预习报告(30%)+实训报告(70%)

实训总成绩(100%)=实训过程成绩(40%)+实训报告成绩(60%)

实训过程成绩和实训报告成绩均由相关实训指导教师评定。

2. 评定方法

根据考勤和实训内容完成情况及实训总结报告的质量综合评定成绩,并依据上述考核内容综合评定为优、良、中、及格和不及格五个等级。

【参考资料】

1. 刘怡南,彭爽,王虹,等.叉尾斗鱼肉瘤病的病理学检测和病原鉴定[J].水产科学,2018,037(005):679-683.

2. 王二龙,汪开毓,陈德芳,等.养殖乌鳢内脏结节病的病原分离、鉴定与药物敏感性分析[J].华中农业大学学报,2015,34(5):90-98.

3. 肖国华,王玉梅,朱青杰,等.牙鲆流行病学调查研究[J].河北渔业,2007,000(010):44-46,54.

4. 曲径,沈海平,李笑刚,等.威海地区养殖牙鲆鱼淋巴囊肿病流行病学调查[J].检验检疫学刊,2001,011(006):34-35.

5. 张国栋,李瑞艳,刘宇,等.东北地区大宗淡水鱼出血病的流行病学调查[J].中国水产,2014(5):73-74.

表4-2-1 问卷调查表(参考样表)

填表时间： 年 月 日

	疫病名称			
	负责人姓名		联系电话	
	联系地址			
发病情况	发病鱼种类及年龄阶段			
	发病时间		开始死亡时间	
	发病季节		发病水温/℃	
	养殖面积和品种密度			
	pH：	氨氮：	亚硝酸盐：	溶氧：
	主要临床症状：			
	周围地区发病情况：			
	发病史：			
治疗情况	治疗措施：			
	治疗效果：			

实训 3

水产动物寄生虫病流行病学调查实训

随着我国水产业的持续发展,水产动物寄生虫病流行病的频繁发生通常造成很大的经济损失。尤其是南方的有些省份,几乎每年都有水产动物寄生虫病流行病的发生而引起鱼类大批量死亡,死亡率一般为20%~30%,严重者超过90%。通过对某地区水产动物寄生虫病流行病学调查、收集相关资料并加以分析研究,可以了解该水产动物寄生虫病流行病的分布特点、发病条件、危害对象等流行情况,有助于制订对应的防治措施或防治方案,达到控制该类疾病的目的。本次调查实训,让学生学习和掌握水产动物寄生虫病流行病学调查方法,提高学生分析问题和处理问题的实际工作能力。

【实训项目】

1. 案例

松浦镜鲤吉陶单极虫病流行病学调查。

2. 场景

2019年8月,重庆潼南某渔场主养的二龄松浦镜鲤的精养鱼塘陆续暴发鱼病,并持续出现大量死亡,日死亡率达8%~12%,累积死亡率在55%以上。病鱼食欲不振或停食,常浮于水面,游动无力,身体失去平衡。死亡鱼腹部微凸(图4-3-1A),剖腹观察可见肠管内长有肿物(图4-3-1B),剪开肠管可见肠腔内脱出大小不一的肿块(图4-3-1C)。取肠道肿块制片在光学显微镜下观察可见大量呈葵花籽形或梨形的虫体(图4-3-1D),进一步进行虫体大小测定和内部结构观察,结合外部形态确定为吉陶单极虫(*Thelohanellus kitauei*)。由此判断松浦镜鲤出现大量死亡的主要原因是该虫大量寄生于肠道。随即开展潼南地区松浦镜鲤吉陶单极虫病流行病学调查。

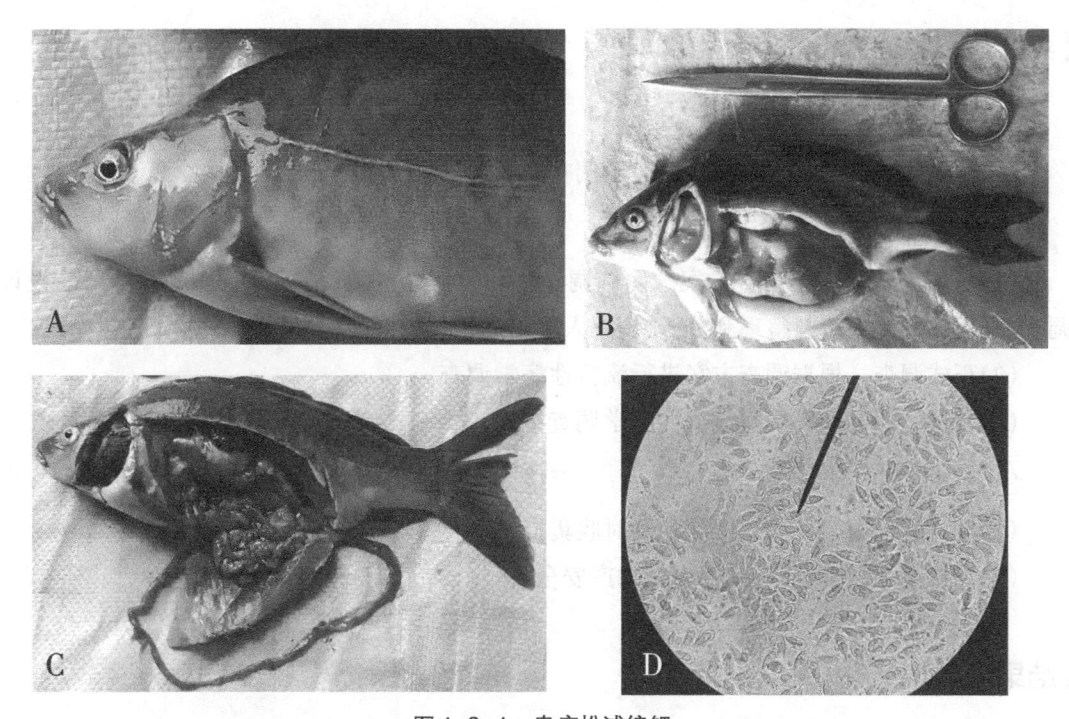

图 4-3-1　患病松浦镜鲤

A.腹部微凸；B.肠腔内肿块；C.剪开肠腔脱出大小不一肿块,肠道内壁充血；D.虫体形态

3. 问题

（1）松浦镜鲤吉陶单极虫病流行规律如何？

（2）病原感染率和感染强度如何确定？

（3）可以采取的控制措施有哪些？

【实训任务】

（1）发病情况。包括发病鱼种类及年龄阶段、发病时间、开始死亡时间、发病季节、发病水温、养殖面积和品种密度、养殖水体各项水质指标、主要临床症状、周围地区发病情况、发病史等（见表4-3-1）。

（2）调查疫情来源。跟踪调查病鱼来源、养殖鱼流动情况、动物检疫情况等。

（3）传播途径调查。包括水平传播途径和垂直传播途径调查。

（4）与环境因子关系的调查。查询发病前后养殖水体各项水质指标检测数据并做好记录。

（5）综合分析资料,撰写流行病学报告,并与指导老师进行问题探讨。

【实训方案】

1. 实训材料

某地区养殖场、通信工具、交通工具、调查问卷(表4-3-1)等。

2. 操作程序

(1)制订流行性病学调查方案。明确调查目的、对象、区域、指标,调查方法和方式,设计调查项目和调查表,资料整理和分析,调查人员培训、安排和经费预算等。

(2)正式调查。根据调查方案进行流行性病学调查。

(3)整理、分析资料,撰写流行性病学调查报告。

3. 注意事项

(1)调查过程中,要完整、准确和及时收集资料。

(2)严格遵守相关规定,确保生命财产安全。

【结果分析】

发病率=临床症状数/发病群体总数×100%

死亡率=发病死亡数/发病群体总数×100%

病死率=发病死亡数/发病动物总数×100%

发病率、死亡率、病死率均是统计一定时间内的该疾病的发病严重程度。发病率越高,说明发病越急;死亡率越高,说明发病越严重;病死率越高,说明发病后果越严重。

【拓展提高】

实训条件:根据实际调查情况,不断丰富调查问卷。同时,采集来自不同养殖环境下的同一种类的水产动物,观察在相应环境下其体上的寄生虫种类与数量的变化情况,采集来自相同养殖环境下的不同种类的水产动物,观察在相应环境下各种类体上的寄生虫种类与数量的变化情况。

实训方法:结合互联网技术,快速掌握疫病流行情况。

【评价考核】

根据调查结果,结合调查方式和调查范围以及数据可靠性进行最终考核。

认真完成实训内容,用光学显微镜检查水产动物体表及体内各组织寄生虫情况。分辨寄生虫种类,画出示意图并分别计数。

【参考资料】

1. 叶彩燕,汪开毓,何琦瑶,等.框镜鲤肠管单极虫病的组织病理学分析及分子鉴定[J].水产学报,2019,43(4):1154-1161.

2. 刘海侠.陕西省关中地区鱼类寄生虫病病原种类和流行病学调查研究[D].咸阳:西北农林科技大学,2006.

3. 陈宪彬,于洪震.如何开展动物流行病学调查工作[J].中国畜禽种业,2015(07):41.

4. 王光雷,吕秀艘,陈彪,等.鱼寄生虫病的调查方法[J].新疆畜牧业,2002(1):43-44.

5. 饶毅,周智勇,徐先栋,等.大宗淡水鱼小瓜虫病的流行病学调查[J].江西水产科技,2013(4):35-37.

表 4-3-1　问卷调查表(参考样表)

填表时间：　　　年　　月　　日

疫病名称							
负责人姓名				联系电话			
联系地址							
发病情况	发病鱼种类及年龄阶段						
	发病时间			开始死亡时间			
	发病季节			发病水温/℃			
	养殖面积和品种密度						
	pH：		氨氮：		亚硝酸盐：		溶氧：
	主要临床症状：						
	周围地区发病情况：						
	发病史：						
治疗情况	治疗措施：						

实训 4
水产动物疾病防治外用药物给药方法实训

在水产动物养殖生产中,通常使用内服(口服)药饵或外用杀虫杀菌剂进行水产动物疾病防治。其中,内服药饵给药方式主要应用于水产动物疾病的预防,及尚能摄食的早期治疗上。一旦患病对象病情加重而失去食欲时,即使有特效药,也很难达到治疗效果。此时,应结合外用药物给药方式进行施药。但在外用药物施药过程中,如操作方法不当,也难以达到预期的防治目的,甚至对养殖对象造成严重药害。因此,如何正确采取水产外用药物给药方法,就显得极为重要。本次实训,让学生熟练掌握水产动物疾病防治中外用药给药法基本技能,养成勤动手、多思考的良好习惯,培养学生应变和提高解决实际问题的能力。

【实训项目】

1. 案例
全池泼洒渔用杀菌消毒剂治疗垂钓鱼池鲫鱼和白鲢细菌性败血症。

2. 场景
2019年8月,重庆北碚某垂钓场池塘放养的商品鲫鱼和白鲢逐渐发病,并陆续出现大量死亡,业主曾投喂内服药饵和外用杀虫、杀菌药物,但病情依然严重。随即组织人员前往现场进行检查诊断和用药治疗。分别捞取患病的鲫鱼和白鲢各5尾。经解剖观察,病鱼主要表现出体表、鳍条、腹部、头部、眼眶、口腔、肠道、肝胰脏、腹腔壁等部位充血、出血症状(图4-4-1、图4-4-2),目检和镜检患病鱼体相关组织器官,无寄生虫寄生。据此,初步判断为细菌性败血症。决定除采用内服药饵外,再结合采取外用药物给药方法进行对症治疗。本次学生只进行外用药物给药法实训。

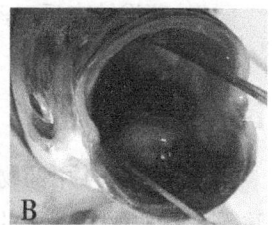

图4-4-1 患病白鲢
A.头部、鳍条尤其是胸鳍及其基部充血、出血;B.上下颌、口腔严重充血、出血

图4-4-2 患病鲫鱼
体表尤其是腹部、鳃盖、眼眶、鳍条严重充血、出血以及眼球外突

3. 问题

(1)发病池塘养殖水体水质情况如何？

(2)选取什么外用杀菌药物进行疾病控制？

(3)全池遍洒法和药浴法(浸泡法)给药的药物用量如何计算？

(4)全池遍洒法和药浴法(浸泡法)给药的药液如何配制？

(5)应用配制好的药液如何进行全池遍洒和药浴(浸泡)病鱼？

【实训任务】

1. 全池遍洒法给药方法

(1)测量池塘水面面积；

(2)测量池塘平均水深；

(3)计算池水体积；

(4)计算用药量；

(5)药液的配制与全池泼洒药液。

2. 药浴法(浸泡法)给药方法

(1)药浴(浸泡法)液的配制；

(2)药浴过程管理；

(3)药浴结束后对药浴对象和药浴液的处理。

【实训方案】

水产动物外用药物的给药方法有：全池遍洒法、药浴法(浸泡法)、悬挂法、涂抹法和浸沤法等。根据水产动物的种类可选择适宜的外用药物给药方法。本部分仅介绍全池遍洒法和药浴法(浸泡法)的实施方案。

(一)全池遍洒法实训方案

1. 实训材料

前往实训的某养殖场或实习实训渔场,交通工具,全池泼洒或药浴用渔药(三氯异氰尿酸、聚维酮碘、苯扎溴铵、溴氯海因等杀菌消毒的外用商品渔药,即水产用兽药),水温表,pH试纸,水质测定仪或测试盒,水族缸,用药记录表(表4-4-1),木质或塑料桶(盆),木质船或塑料船等。

2. 操作程序

(1)养殖水体体积(V)的计算。

①养殖池塘面积的计算。

养殖池塘的形状主要为方形(长方形或者正方形)或者梯形。

方形池塘面积计算:方形池塘水面面积(m^2)=水面长(m)×水面宽(m)

梯形池塘面积计算:梯形池塘水面面积(m^2)= [上底长(m)+下底长(m)]×高(m)÷2(上底长、下底长和高分别为梯形池塘实际淹没水位线上、下底边水面长度和它们之间的垂直高度)。

②池水深度的测量。

选取池塘内具有代表性的点,一般是池塘对角线上选取若干个点,计算池塘水体的平均水深。

③池水深度的变动。

可以在测量池塘水深之后,在池塘周边贴近水面的地方(一般为料台,比较固定,不容易变动)做好标记,同时将此时池塘的水深记为h_0,当池塘因排换水、降雨等导致水体的深度变化时,只需要量取此时的水面与之前标记之间的距离,记为h_1,如果水面在标记的下方,则此时池塘的水深=$h_0 - h_1$,如果水面在之前标记的上方,则此时池塘的水深=h_0+h_1。

避免重复多次量水深带来的工作。

④养殖水体的体积(m^3)=养殖水体水面面积(m^2)×养殖水体平均水深(m)

(2)用药量的计算。

养殖水体的体积(m^3)乘以确定的药物浓度(g/m^3水体)即为总的用药量(g),计算公式为:

用药总量(g)=养殖水体的体积(m^3)×药物浓度(g/m^3)

3. 注意事项

(1)杀虫剂(敌百虫除外)或硫酸铜在使用的过程中,池塘水深超过2 m,一般按2 m计算。

(2)苯扎溴铵属表面活性剂,密度比水小,适用于中上层水体的消毒,在给药时保持水深。

(3)很多杀虫剂、消毒剂使用说明书上的用药剂量或浓度都指定了一个范围(如聚维酮碘的说明书推荐剂量为:0.45~0.75 mL/m^3水),在实际确定用药剂量时需在推荐范围内根据养殖水体的水温、水色、pH值、溶解氧等灵活掌握。

(二)药浴法实训方案

水产动物苗种在放养前一般都要经药浴消毒处理,所谓药浴是指将水产动物放在溶解有杀虫或杀菌消毒药物的淡水或海水里进行浸泡来消除其体上的寄生虫或致病微生物的方法。

1. 实训材料

鲫鱼或草鱼等活鱼、硫酸铜、硫酸亚铁、敌百虫、漂白粉、氯化钠或高锰酸钾等杀虫和杀菌消毒药物、塑料或木质水桶(箱)、水温表、pH试纸、木质或塑料桶(盆)或陶瓷容器等。

2. 操作程序

(1)药浴液的配制。

①选择药浴所用药物并确定其药浴浓度(表4-4-1)。

②称取药物放入容器并用适量水溶解、稀释、混匀。

③测定所配制药浴液的温度(℃)、pH值,选择药浴持续时间(表4-4-1)。

(2)开始药浴与观察。

将水产动物苗种搬移到盛有已配制好药浴液的容器中开始药浴,并观察药浴对象在药浴液中是否正常。

(3)药浴后放养。

根据药浴浓度大小和水温高低,结合药浴对象在药浴液中的忍受力(或耐受力),灵活掌握药浴时间(药浴结束时间),药浴结束后及时将其放入养殖水体中。

3. 注意事项

(1)药物的通常用量是指水温20 ℃时的用量。水温超过25 ℃时,应酌情减少用量;低于18 ℃时,应适当增加药量。

(2)配制的药物浓度应均匀。

(3)药浴如需捕捞患病动物应谨慎操作,尽可能避免患病动物受伤。药物浓度和药浴时间应视水温及患病动物忍受情况而灵活掌握。浸浴前进行小范围预试验。

(4)外用给药量的确定。除了应尽量准确测定养殖水体体积,还应根据水产动物对某种药物的安全浓度、药物对病原体的致死浓度来确定药物的使用浓度。

(5)在药浴过程中,要保证水产动物对药浴液中溶解氧的需求,防止缺氧而导致其浮头甚至死亡。

(6)在药浴过程中,如出现异常要立即停止药浴,将药浴对象转移到安全水体中。

(7)将水产动物苗种转移到盛有配制好药浴液的容器时,操作应轻快,别让水产动物受伤。

(8)根据水质情况增减用药量。若水质较肥，水温较低，可适当加大用药量。反之，减小用药量。

【结果分析】

比较两种外用给药方法各自的优劣；写出操作心得或提出更优方案。要求记录原始数据，用药量计算过程、结果等。

【拓展提高】

1. 实训条件

根据课程实训本身条件，再结合某水产养殖场生产的相关条件，开展水产动物疾病防治外用药物的机械化施药操作，如采用"碧水康"施药器进行水产外用药物施用训练。

2. 实训方法

针对某水产养殖场生产实际，尤其是对已经发病的养殖种类，设计并实施全池遍洒法、药浴法（浸泡法）、悬挂法、涂抹法和浸沤法等的给药方案。

【评价考核】

根据实训操作表现和实训报告综合评定实训成绩。

1. 课题实训评定标准

实训过程成绩（100%）=出勤率（20%）+实训操作（80%）
实训报告成绩（100%）=实训预习报告（20%）+实训报告（80%）
实训总成绩（100%）=实训过程成绩（40%）+实训报告成绩（60%）
实训过程成绩和实训报告成绩均由相关的实训指导教师评定。

2. 评定方法

根据考勤和实训内容完成情况及实训总结报告的质量综合评定成绩，并依据上述考核内容综合评定为优、良、中、及格和不及格五个等级。

【参考资料】

1. 郭金龙,殷禄阁,宫春光,等.水产动物的正确药浴方法[J].河北渔业,2009,186(6):29-31.
2. 董庆华.引领水产用药新时代[J].渔业致富指南,2010(8):43-44.

表4-4-1　水产动物药浴(浸泡)常用药物、药浴液浓度及药浴时间表

常用药物	药浴浓度	药浴时间/min	备注
漂白粉(有效氯30%)	$10 \sim 20$ mg·L^{-1}	$10 \sim 30$	可杀灭体表及鳃上细菌
硫酸铜或硫酸铜与硫酸亚铁合剂(5:2)	8 mg·L^{-1}	$10 \sim 30$	可杀灭寄生在体表及鳃上的原虫(形成孢囊的和孢子虫除外)
食盐	$1\% \sim 4\%$(质量)	$1 \sim 10$	可杀灭水产动物体表及鳃上的一些细菌和寄生虫
漂白粉和硫酸铜合剂	漂白粉10 mg·L^{-1},硫酸铜8 mg·L^{-1}	$10 \sim 30$	可杀灭体表及鳃上的细菌和原虫(形成孢囊的和孢子虫除外)
高锰酸钾	$10 \sim 20$ mg·L^{-1}	$10 \sim 30$	背光药浴,可杀灭体表及鳃上的细菌、原虫和单殖吸虫等

实训 5
水产动物疾病防治内用药物给药方法实训

采用渔药防治水生动物疾病的给药方法,通常有外用药物给药法(体外用药)和内用药物给药法(体内用药)之分。就体内用药而言包括口服法、注射法和灌服法等。口服法是将药物与水产动物喜吃的饲料混合制成适口的药饵投喂,是水产动物疾病防治常用的给药方法,具有操作方便,对环境污染小等优点。但口服法的治疗效果受拌和药物的方法、给药的剂量、养殖动物病情、摄食能力的影响。对病重者和失去摄食能力的个体无效,对滤食性和摄食活性生物饵料的种类也有一定的难度,掌握药物的拌和方法和准确把控给药剂量是口服法的关键。灌服法是强制性的口服方法,在治疗水族馆大型名贵患病水生动物时可使用。此法用药量准确,但操作较麻烦,同时易造成患病对象损伤或产生应激。注射法适用于水产动物疫苗预防接种和数量少而珍贵的品种、大型水生动物以及刚产卵繁殖过后的亲本。该给药方法用药量准确,吸收快,效果好,但操作麻烦,也易导致注射对象损伤和产生应激。本实训课的学习,让学生掌握上述三种水产动物疾病防治内用药物给药方法的基本知识和实际操作技能,锻炼学生的动手能力,达到培养学生解决实际问题的能力。

【实训项目】

1. 案例

口服抗菌类药物饵料治疗池塘草鱼细菌性烂鳃与肠炎并发症。

2. 场景

2019年5月,重庆合川某水产养殖场池养草鱼种发生鱼病,陆续出现死亡现象并表现出愈来愈严重的趋势。业主采取了全池泼洒杀虫杀菌剂对患病草鱼进行治疗,但几天过去了草鱼死亡现象依然严重。对此,随即组织人员前往现场进行检查诊治。捞取池塘患病草鱼多尾,从中选择症状明显患病个体进行解剖观察,病鱼主要表现出鳃部瘀血、鳃丝受损、肠道明显充血等症状(图4-5-1),目检和镜检患病鱼体相关组织器官无寄生虫寄生,试剂盒检测水质氨氮、亚硝酸盐等指标正常。据此,初步判断为细菌性烂鳃与肠炎并发症。决定除采取全池遍洒法给药外,再结合内用药物给药法进行治疗。本次学生只进行内用药物给药法实训。

图4-5-1　患细菌性烂鳃与肠炎并发症的草鱼
A.示患病草鱼鳃有点状或块状瘀血(白色箭头所示);B.患病草鱼肠道充血(黑色箭头所示)

3. 问题

(1)发病池塘养殖水体水质情况如何?
(2)选取哪种内用药物进行疾病控制?
(3)内用药物给药法的药物用量如何计算?
(4)内用药物给药法药饵、药液如何配制?
(5)药饵如何投喂?如何进行药物灌服和药物注射?

【实训任务】

1. 口服法给药方法

包括:口服药饵的配制、加工与投喂。

2. 注射法给药方法

包括:注射药物剂量的确定、药液的配制和注射方法等。

3. 灌服法给药方法

包括:灌服药物剂量的确定、药液的配制、药饵的加工和灌服方法等。

【实训方案】

(一)口服法实训方案

口服法药饵,主要有吞食型药饵、草食性药饵、底栖食性药饵、抱食型药饵、滤食性药饵、嘬食型药饵、摄食动物性活体饵料药饵等类型。饵料有人工饲料、草料和肉食性饵料(活饵、冰鲜饵料)。人工饲料根据性状分为浮料、沉料,根据粒径大小又分为粉料、破碎料、薄片、贴片、颗粒料。各种饵料不同,其拌药方法也不同。此处仅介绍吞食型药饵、草食性药饵的口服法实施方案。

1. 实训材料

前往实训的某养殖场或实习实训渔场,交通工具,商品鱼饲料,青草,黏合剂(植物油、面粉或专用黏合剂等),内服和灌服用有关渔药(选择性地应用已获批的用于水产动物疾病防治的喹诺酮类药、磺胺类药、酰胺醇类药、中草药、维生素等商品渔药,即水产用兽药),蒸馏水,水族缸,水温表,pH试纸,用药记录表(表4-5-1)等。

2. 操作程序

(1)给药剂量和药物添加率的确定。

给药剂量一般是根据实训动物体重、投药标准量而确定;药物添加率是根据日投药标准量、投饵率来确定,或查阅表4-5-1。药饵投喂量是根据实训动物体重、药物添加率、标准用药量来确定。

投药量=标准用药量×实训动物体重

药物添加率=日投药标准量÷投饵率

药饵投喂量=(标准用药量÷药物添加率)×实训动物体重

表4-5-1 投药标准量、投饵率和药物添加率的关系

投饵率/%	药物添加率/%								
	0.01	0.05	0.1	0.5	1	2	3	4	5
	标准用药量/(mg·kg^{-1}体重)								
5	5	25	50	250	500	1000	1500	2000	2500
4	4	20	40	200	400	800	1200	1600	2000
3	3	15	30	150	300	600	900	1200	1500
2	2	10	20	100	200	400	600	800	1000
1	1	5	10	50	100	200	300	400	500

举例:一池塘有草鱼2000 kg,现草鱼患"三病",需内服SMZ药饵进行治疗。采用每天一次投喂药饵,投饵率为1%,问第一天需SMZ多少克? 药物添加率为多少?

解:SMZ的投药标准量为第一天200 mg·kg^{-1}·d^{-1}。

SMZ的用量=2000×200=400000(mg)=400(g)

药物添加率=200÷1%=2%

实训中,学生根据计算公式,查阅渔药的投药标准量,了解投饵率,称量水产动物总重量后计算出给药剂量和药物添加率。

(2)药物的拌和方法。

药物黏和剂拌和方法常用二种:一是黏合剂与药物干粉混匀,黏合剂按药物的2%~5%添加;如果按饲料添加,可按饲料的0.05%~0.1%添加,混匀后再用喷雾器喷水。这种方法适合手工拌药。二是可先将药物和黏合剂分别溶于水,总体添加的水量控制在饲料重的4%以内。然后将两种溶解好的液体混合到一起,充分搅拌后,再均匀的拌到饲料上去。此法适合

手工或拌药机拌药。

①吞食型药饵的拌和方法。鲤、罗非鱼、鲈等大多数鱼类以吞食法摄饵。在已知给药剂量和药物添加率情况下,先准备称取相应重量的商品鱼饲料、药物和黏合剂,再将药物与黏合剂拌和(采用方法一或方法二),然后再与饲料均匀混合,最后直接投喂、冷冻保存或阴干后备用。若饲料为粉料还需用饵料机加工成合适的颗粒状或短杆状。大型水生生物亦可将药饵制作成胶囊塞饵料块中投喂。

②草食性药饵的拌和方法。草鱼、鳊等以植物(草料)食性为主的鱼类适用此药饵。先准备相应重量的青草,根据鱼体的大小,将草料切成适口的小段或不切。将药物与黏附剂混合(采用方法二),加温热水调制成糊状,冷却后使之黏附于草料上,阴干后直接投喂。

(3)投喂。

药饵每天投喂1次,最好在鱼类食欲最强时投喂,一般5~7 d为一个疗程(具体根据所施药物的要求来确定),观察效果,停药1~3 d,视病情有无好转决定是否继续投喂。

3. 注意事项

(1)实训若为患病鱼更佳,实训对象要能摄食,要掌握实训对象的摄食率。

(2)黏合剂的选择。面粉易溶解于水体,易恶化水质,不推荐使用面粉作黏合剂,尤其是不推荐用于观赏鱼养殖。专用黏合剂效果最佳。

(3)所选择药物如果难溶于水,还需有机溶剂助溶。

(4)药物、黏合剂与饵料需混合均匀;药物、黏合剂拌和时若需要加水稀释,控制好水量的添加。如一袋100 g黏合剂,溶解到5~7.5 kg水中,可拌5~8袋饲料。溶解黏合剂时时要边搅拌边将黏合剂倒入水中,一次不宜倒入太多,如一次倒入太多,会结团或起球,最后溶解成银耳羹状。

(5)一般发病鱼食欲会大大降低,为了有效提高口服法的效果,可以在投喂药饵前停食1~2 d,让病鱼充分饥饿;同时很多药物有异味,会影响饵料的适口性,可以在饵料中适当添加诱食剂。

(二)注射法实训方案

1. 实训材料

草鱼、鲤鱼、鳖、蛙等水产动物,注射器、针头、生理盐水、烧杯、量筒、方盘、渔药(兽用恩诺沙星注射液)、纱布、碘酊、棉签、水族箱等。

2. 操作程序

(1)注射药量的确定。

给药剂量一般是根据养殖动物的体重、注射药物标准量而确定。每尾鱼注射量则根据每尾鱼体重、药物标准量、注射液药物浓度计算。

给药剂量=药物标准量×实训动物体重

每尾鱼注射量=每尾鱼体重×药物标准量÷药液浓度

根据计算公式,计算出注射给药剂量和每尾鱼注射量。

(2)药物的配制方法。

水产动物注射液体量一般为每尾1~5 mL,具体用量根据动物的大小而定,一般个体大的动物注射液体量多。将计算好的渔药溶解在一定体积的水体中,混合均匀形成注射药物,贴上药物有效浓度含量标签。

(3)注射方法。

注射方法一般有两种,分别为肌肉注射法和体腔注射法。生产实践证明体腔注射时药液不易泄漏,比肌肉注射效果好,但对个体小的鱼不适用。

①固定鱼体:小型鱼类可单人用湿纱布或徒手固定;大型鱼需多人配合,用鱼夹或徒手固定;鱼可离水或在水体中固定。

②消毒:注射前后用棉签蘸碘酊给注射部位消毒。

③注射。

肌肉注射:在背鳍基部与鱼体呈30°~40°角度进针,注射深度根据鱼体大小以不伤害脊椎骨(脊髓)为度,一般1 cm左右。

体腔注射:将注射器针头沿腹鳍内侧斜向插入腹部,或从胸鳍内侧基部插入,入针深度根据鱼体大小而定,以不伤及内脏为原则。

(4)推药。推射药物时切忌太快而溢出药液,推射药物量要准确。

(5)放鱼。将鱼迅速放入富氧的水体,观察鱼的反应,无碍后方可离开。

3. 注意事项

(1)注射量适宜,切忌过多。

(2)注射针头的选用要与动物大小相匹配。

(3)体腔注射时控制好针头的插入深度,不要刺伤心脏或内脏组织。

(4)鱼类注射时离水时间不能过久,避免对鱼造成伤害。

(5)抓捕动物时要轻、柔,避免对动物造成机械损伤。如大型鱼不易控制,也不利于操作,为防止鱼挣扎受伤,可麻醉后再注射,麻醉方法见灌服法。

(三)灌服法实训方案

1. 实训材料

草鱼或鲤鱼等水产动物,橡胶软管(压脉管)、注射器(或灌食器)、麻醉剂(MS-222)、可口服的商品渔药、配合饲料(或鱼糜)、玻璃棒、容量瓶、量筒、玻璃容器、方盘、无菌蒸馏水、正常的渔业用水、水族箱(或其他盛鱼容器)。

2. 操作程序

(1)灌服药量的确定。

给药剂量一般是根据鱼的体重、灌服药物标准量而确定。每尾鱼所需灌服混合液容量计算是根据每尾鱼体重、灌服药物标准量、混合液药物有效含量计算得来。

灌服药物量=灌服药物标准量×鱼的体重

每尾鱼灌服混合液量=(每尾鱼体重×灌服药物标准量)÷混合液药物有效含量

(2)灌服药物的配制方法。

灌服药物可配制成药物悬液或药物食物混合浆或饵料药块,按每尾大型鱼80～150 mL、小型鱼类10～50 mL灌服,肉食性大型鱼类摄食饵料块。药物悬液配制:将计算好的药物溶解在一定体积的水体中,混合均匀形成药物悬液,贴上药物有效含量标签。药物食物混合浆配制:将计算好的药物、食物(配合饲料或鱼糜)、水充分混合均匀形成浆液,贴上药物有效含量标签。饵料药块是用制作的胶囊或药物塞入饵料肉块中(图4-5-2)。

(3)灌服步骤。

①麻醉。MS-222按使用说明配制成相应浓度,将鱼放入麻醉,亦可不麻醉。

②固定鱼体。麻醉后鱼体可在水体中进行固定,若没有麻醉,大型鱼类则需要多人配合,1～2人固定鱼类。可徒手固定或用鱼夹固定。

③灌服。药物悬液或药物食物混合浆的灌服方法为鱼头向上,将橡胶软管塞入食道,用灌食器(或注射器)(图4-5-3)往管子中注入药物悬液或药物食物混合浆,灌入鱼的体内,灌入速度要结合混合液进入鱼体的速度进行,不要太快。饵料药块的灌服使用软硬适中的管子(或木棒),将饵料肉块穿在管子(或木棒)上,待鱼张嘴,快速将饵料块插入鱼口中,待鱼咀嚼时,捅入鱼食道,吞食后抽出管子(或木棒)。灌服大型鱼类时需1～2人固定鱼类,1人插入导管并保持,1人灌服。

④恢复。灌完后将病鱼放于预先盛有富氧水体的容器中待其恢复。恢复后继续暂养直至病愈,或视病情进行第二次灌药。

图4-5-2　饵料肉块　　　　图4-5-3　灌食器

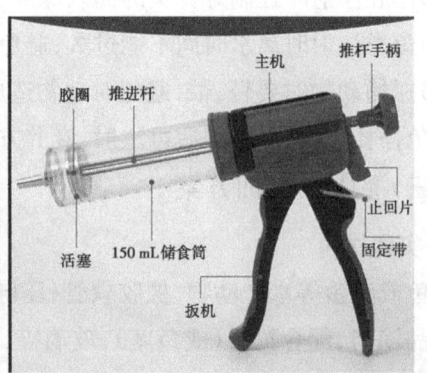

3. 注意事项

(1)灌服主要用于水族馆大型名贵鱼类如鲟鱼、鳐鱼等,小型鱼类不适用。灌服适用于水产动物发病后食欲下降,不主动进食时的强制性措施;灌服也用于帮助未开口摄食或食欲不振的鱼类进食。

(2)鱼类麻醉时需要预防由于麻醉药物品种、麻醉剂量、鱼类品种、水环境等有差异而导致麻醉事故。麻醉后鱼无吞咽行为,不易灌入药物。操作比较麻烦,固定不易,灌服过程要轻、柔,避免固定、灌服导致鱼类受伤或产生过强的应激。

【结果分析】

比较三种内用药物给药方法的优缺点;写出操作心得或提出更优方案,进行综合分析讨论;要求有原始数据、用药量计算结果等。

【拓展提高】

1. 实训条件

根据课程实训本身条件,再结合某水产养殖场生产的相关条件,开展口服法实训、注射法实训和灌服法实训。

2. 实训方法

针对某水产养殖场生产实际,尤其是对已经发病的养殖种类,设计并实施口服法、注射法和灌服法给药方案。

【评价考核】

根据实训操作表现和实训报告综合评定。

1. 课题实训评定标准

实训过程成绩(100%)=出勤率(20%)+实训操作(80%)

实训报告成绩(100%)=实训预习报告(30%)+实训报告(70%)

实训总成绩(100%)=实训过程成绩(40%)+实训报告成绩(60%)

实训过程成绩和实训报告成绩均由相关实训指导教师评定。

2. 评定方法

根据考勤和实训内容完成情况及实训总结报告的质量综合评定成绩,并依据上述考核内容综合评定为优、良、中、及格和不及格五个等级。

附录

附录一

常用培养基的制备

一、LB(Luria-Bertani)培养基(分离和培养细菌用)

试剂	用量	1 L 培养基对照用量
酵母膏	0.5%	5 g
蛋白胨	1.0%	10 g
NaCl	1.0%	10 g
琼脂(固体培养基专用)	1.5% ~ 2.0%	15 ~ 20 g
配制条件:纯水定容至目标体积后调节 pH 至 7.0 ~ 7.2,121 ℃高压灭菌 20 min。		

二、牛肉膏蛋白胨培养基(培养细菌用)

试剂	用量	1 L 培养基对照用量
牛肉膏	0.30%	3 g
蛋白胨	1.00%	10 g
NaCl	0.50%	5 g
琼脂	固体培养基1.50% ~ 2.00%;半固体0.35% ~ 0.40%	15 ~ 20 g;3.5 ~ 4 g
配制条件:纯水定容至目标体积,用 1 mol/L 的 NaOH 或 HCl 调节 pH 至 7.0 ~ 7.2,121 ℃高压灭菌 20 min。		

三、马丁氏(Martin)琼脂培养基(分离真菌用)

试剂	用量	1 L培养基对照用量
葡萄糖	1.00%	10.0 g
蛋白胨	0.50%	5.0 g
KH_2PO_4	0.10%	1.0 g
$MgSO_4 \cdot 7H_2O$	0.05%	0.5 g
1:3000孟加拉红(玫瑰红水溶液)	10.00%	100.0 mL
琼脂	1.50% ~ 2.00%	15.0 ~ 20.0 g
配制条件:添加纯水800 mL后121 ℃高压灭菌20 min,无需调节pH。		
链霉素(临用前单独添加)	0.003%	0.03%的稀释液100 mL

四、PDA马铃薯培养基(培养真菌用)

试剂	用量	1 L培养基对照用量
马铃薯	20.0%	200 g
蔗糖(或葡萄糖)	2.0%	20 g
琼脂	1.5% ~ 2.0%	15 ~ 20 g
配制流程:马铃薯去皮切块后煮沸30 min,然后用纱布过滤,再加糖和琼脂,溶解后补足水至目标体积,121 ℃高压灭菌30 min,保持自然pH。		

五、查氏(Czapek)培养基(培养霉菌用)

试剂	用量	1 L培养基对照用量
$NaNO_3$	0.200%	2.00 g
K_2HPO_4	0.100%	1.00 g
KCl	0.050%	0.50 g
$MgSO_4$	0.050%	0.50 g
$FeSO_4$	0.001%	0.01 g
蔗糖	3.000%	30.00 g
琼脂(固体培养基专用)	1.500% ~ 2.000%	15.00 ~ 20.00 g
配制条件:自然pH,121 ℃高压灭菌20 min。		

六、高氏(Guause)培养基(培养放线菌用)

试剂	用量	1 L培养基对照用量
可溶性淀粉	2.000%	20.00 g
KNO_3	0.100%	1.00 g
NaCl	0.050%	0.50 g
K_2HPO_4	0.050%	0.50 g
$MgSO_4$	0.050%	0.50 g
$FeSO_4$	0.001%	0.01 g
琼脂(固体培养基专用)	2.000%	20.00 g

注意事项:配制时先用少量冷水将淀粉调成糊状,倒入沸水中,边加热边加入其他成分,溶解后补足水至目标体积,pH调至7.2~7.4,121 ℃高压灭菌20 min。

七、无氮培养基(自生固氮菌,钾细菌培养)

试剂	用量	1 L培养基对照用量
甘露醇(或葡萄糖)	1.00%	10.0 g
K_2HPO_4	0.02%	0.2 g
$MgSO_4 \cdot 7H_2O$	0.02%	0.2 g
NaCl	0.02%	0.2 g
$CaSO_4 \cdot 2H_2O$	0.02%	0.2 g
$CaCO_3$	0.50%	5.0 g

配制条件:纯水定容至目标体积后调节pH至7.0~7.2,113 ℃高压灭菌30 min。

八、麦氏(Meclary)琼脂(酵母菌)

试剂	用量	1 L培养基对照用量
葡萄糖	0.10%	1.0 g
KCl	0.18%	1.8 g
酵母浸膏	0.25%	2.5 g
醋酸钠	0.82%	8.2 g
琼脂(固体培养基专用)	1.50%~2.00%	15.0~20.0 g

配制条件:纯水定容至目标体积后113 ℃高压灭菌20 min。

九、2216E 培养基(海水细菌用)

试剂	用量	1 L 培养基对照用量
NaCl	1.94500%	19.4500 g
$MgCl_2$	0.59800%	5.9800 g
蛋白胨	0.50000%	5.0000 g
$NaSO_4$	0.32400%	3.2400 g
$CaCl_2$	0.18000%	1.8000 g
酵母粉	0.10000%	1.0000 g
KCl	0.05500%	0.5500 g
Na_2CO_3	0.01600%	0.1600 g
柠檬酸铁铵	0.01000%	0.1000 g
KBr	0.00800%	0.0800 g
氯化锶	0.00340%	0.0340 g
硼酸	0.00220%	0.0220 g
Na_2HPO_4	0.00080%	0.0080 g
硅酸钠	0.00040%	0.0040 g
氟化钠	0.00024%	0.0024 g
硝酸钠	0.00016%	0.0016 g
琼脂(固体培养基专用)	1.50000% ~ 2.00000%	15.0000 ~ 20.0000 g
配制条件:纯水定容至目标体积后调节 pH 至 7.4 ~ 7.8,121 ℃高压灭菌 20 min。		

十、乳糖蛋白胨培养基(水体细菌学检查用)

试剂	用量	1 L 培养基对照用量
蛋白胨	0.10%	1.0 g
牛肉膏	0.18%	1.8 g
乳糖	0.25%	2.5 g
NaCl	0.82%	8.2 g
溴甲酚紫乙醇溶液	少量	1.6%的溴甲酚紫 1.0 mL
配制条件:纯水定容至目标体积后 113 ℃高压灭菌 20 min。		

十一、血琼脂培养基(溶血性检验)

试剂	用量	1 L培养基对照用量
牛肉膏	0.3%	3 g
蛋白胨	1.0%	10 g
NaCl	0.5%	5 g
无菌脱纤维鱼血(或羊血、兔血等)	10.0%	100 mL
琼脂	1.5%~2.0%	15~20 g
配制流程:用蒸馏水将牛肉膏、蛋白胨、NaCl和琼脂溶解后121 ℃高压灭菌20 min,取出冷却至约55 ℃时添加无菌脱纤维兔血(或羊血)并混匀,倒平板或斜面培养基。			

十二、基本培养基

试剂	用量	1 L培养基对照用量
K_2HPO_4	1.0500%	10.5 g
KH_2PO_4	0.4500%	1.8 g
$(NH_4)SO_4$	0.1000%	1.0 g
柠檬酸钠·$2H_2O$	0.0500%	0.5 g
以下试剂需灭菌时再添加			
糖	0.2000%	20%的溶液10.0 mL
维生素B1(硫胺素)	0.0005%	1%的硫胺素0.5 mL
$MgSO_4·7H_2O$	0.0200%	20%的溶液1.0 mL
链霉素	0.0200%	4.0 mL母液(50 mg/mL)
氨基酸	0.0040%	4.0 mL母液(10 mg/mL)
配制条件:纯水定容至目标体积后调节pH至中性,121 ℃高压灭菌20 min。			

十三、蛋白胨水培养基

试剂	用量	1 L培养基对照用量
蛋白胨	1.000%	15.00 g
NaCl	0.500%	7.50 g
$CuSO_4·5H_2O$	0.008%	0.08 g(可配制母液)
$Co(NO_3)_2·6H_2O$	0.005%	0.05 g(可配制母液)
配制条件:纯水定容至目标体积后调节pH至约7.6,121 ℃高压灭菌20 min。			

十四、糖发酵培养基

试剂	1 L培养基对照用量
蛋白胨水培养基	1000 mL
溴甲酚紫乙醇溶液	1~2 mL
将含指示剂的蛋白胨水培养基pH调至7.6,再用洁净试管分装,每管内放置一倒置的小玻璃管,使其充满培养液,121 ℃高压灭菌20 min。	
20%的糖溶液(葡萄糖、蔗糖、乳糖等)	各10 mL
配制流程:另将糖溶液112 ℃高压灭菌30 min,在每个含蛋白胨水培养基的试管内加入20%的糖溶液,每10 mL培养基添加糖溶液0.5 mL即可。	

十五、葡萄糖蛋白胨培养基

试剂	用量	1 L培养基对照用量
蛋白胨	0.5%	5 g
葡萄糖	0.5%	5 g
K_2HPO_4	0.2%	2 g
配制流程:溶于目标体积水中后调节pH至7.0~7.2,过滤后按每个试管10 mL分装,112 ℃高压灭菌30 min。			

十六、淀粉培养基

试剂	用量	1 L培养基对照用量
蛋白胨	1.0%	10 g
NaCl	0.5%	5 g
牛肉膏	0.5%	5 g
可溶性淀粉	0.2%	2 g
琼脂(固体培养基专用)	1.5%~2.0%	15~20 g
配制流程:溶于目标体积水中后121 ℃高压灭菌20 min。			

十七、油脂培养基

试剂	用量	1 L培养基对照用量
蛋白胨	1.0%	10 g
NaCl	0.5%	5 g
牛肉膏	0.5%	5 g
香油或花生油	1.0%	10 g
1.6%中性红水溶液	微量	1 mL
琼脂(固体培养基专用)	1.5%~2.0%	15~20 g
配制流程:蛋白胨、牛肉膏、预热油脂和NaCl溶于目标体积水中后调节pH至7.2,之后再加入中性红,121 ℃高压灭菌20 min。			

十八、尿素培养基

试剂	用量	1 L培养基对照用量
尿素	2.0000%	20.000 g
NaCl	0.5000%	5.000 g
K_2HPO_4	0.2000%	2.000 g
蛋白胨	0.1000%	1.000 g
酚红	0.0012%	0.012 g
琼脂（固体培养基专用）	1.5000% ~ 2.0000%	15.000 ~ 20.000 g

配制流程：将试剂溶于目标体积水中后调节pH至中性，121 ℃高压灭菌20 min。

十九、1%离子琼脂

试剂	用量	1 L培养基对照用量
琼脂粉	1%	10 g
巴比妥缓冲液	50%	50 mL
蒸馏水	50%	50 mL
1%硫柳汞	少量	10滴

配制条件：称取琼脂粉1 g先加至50 mL蒸馏水中，于沸水中加热溶解，再加入50 mL巴比妥缓冲液，并滴加硫柳汞溶液防腐处理，分装后4 ℃保存备用。

二十、BG11(Blue-Green Medium)培养基（淡水藻常用培养之一）

试剂	用量	1 L培养基对照用量
$NaNO_3$	1.500%	15.00 g
$MgSO_4 \cdot 7H_2O$	0.750%	7.50 g
K_2HPO_4	0.400%	4.00 g
$CaCl_2 \cdot 2H_2O$	0.360%	3.60 g
H_3BO_3	0.286%	2.86 g
Na_2CO_3	0.200%	2.00 g
$MnCl_2 \cdot 4H_2O$	0.186%	1.86 g
柠檬酸	0.060%	0.60 g（可配制母液）
柠檬酸铁铵	0.060%	0.60 g（可配制母液）
$Na_2MoO_4 \cdot 2H_2O$	0.039%	0.39 g（可配制母液）
$ZnSO_4 \cdot 7H_2O$	0.022%	0.22 g（可配制母液）
$EDTA-Na_2$	0.010%	0.10 g（可配制母液）
$CuSO_4 \cdot 5H_2O$	0.008%	0.08 g（可配制母液）
$Co(NO_3)_2 \cdot 6H_2O$	0.005%	0.05 g（可配制母液）

配制条件：纯水定容至目标体积后调节pH至中性，121 ℃高压灭菌20 min。

二十一、ASW培养基(海水藻类常用培养之一)

试剂	用量	1 L培养基对照用量
成分一:额外盐溶液(蒸馏水定容至目标体积)		
NaNO₃	3.00000%	30.0 g
Na₂HPO₄	0.12000%	1.2 g
K₂HPO₄	0.10000%	1.0 g
成分二:维生素溶液(蒸馏水定容至目标体积)		
生物素		0.0002 g
泛酸钙	0.00200%	0.0200 g
氰钴胺素	0.00040%	0.0040 g
叶酸	0.00004%	0.0004 g
肌醇	0.10000%	1.0000 g
烟酸	0.00200%	0.0200 g
盐酸硫胺素	0.00100%	0.1000 g
胸腺嘧啶	0.00600%	0.6000 g
成分三:土壤浸出液		
制备方法:自然干燥的土壤(经过选择和处理)加上二倍体积的蒸馏水,高压蒸汽灭菌2 h。冷却后倒出上清液,滤纸过滤,滤出液分装到容器中连同容器再次进行一次0.1 MPa蒸汽灭菌15 min。然后4~8 ℃保存。		
ASW培养基配制		
海盐	3.36%	33.60 g
成分一:额外盐溶液	3.75:1000	3.75 mL
成分二:维生素溶液	2.5:1000	2.50 mL
成分三:土壤浸出液	25:1000	25.00 mL
Tricine	0.05%	0.50 g
配制条件:用蒸馏水溶解以上组分并定容至目标体积,调节pH至7.6~7.8,0.1 MPa蒸汽灭菌15 min。		

附录二

常用鱼病学制片方法、常见染色方法

一、鳃丝水浸片制作

1. 将所有解剖相关器具进行洗净、灭菌和干燥处理；
2. 将病鱼一侧的四片全鳃全部剪取下来并整齐平铺于一洁净的载玻片上；
3. 在四片全鳃中选取具有典型症状（或排列规整利于压片）的截断进行鳃丝水浸片的制作，将该部分鱼的鳃丝剪下后置于载玻片上，取样不宜超出盖玻片范围；
4. 用胶头吸管吸取生理盐水，滴于鳃丝上，滴水量应适中，便于压片；
5. 用镊子轻取盖玻片，在载玻片上倾斜45°缓慢放下，使盖玻片和载玻片间充分压实，无气泡出现；
6. 将制作好的水浸片置于显微镜下，调节显微镜观察，要求鳃丝清晰，可见鳃小片。

二、血涂片瑞氏-吉姆萨染色

1. 检查核对血液采集工具和制片所需材料；
2. 用1%肝素钠溶液润洗注射器后进行水产动物的血液采集，将采集到的血液移至洁净的离心管中；
3. 借助毛细吸管虹吸或用移液器吸取适当体积的血液（约10~20 μL）置于载玻片一侧中部（保持距边缘约1 cm）；
4. 另取一块玻片倾斜45°放置于血液靠前位置，微微向后移动使血液粘在玻片上，静置约30 s直至血液沿玻片直线散开，最后将玻片沿着底部载玻片向前快速推片，制作成一块血膜厚度合适的血涂片，自然晾干；
5. 滴加甲醇固定约15 min，室温通风晾干；
6. 滴加瑞氏-吉姆萨染液于血细胞上约5 min后添加等量磷酸缓冲液稀释，继续放置约10 min；
7. 用PBS或生理盐水缓慢冲洗染色液，防止血细胞大量脱落，冲片结束后自然晾干，置于显微镜下观察；
8. 最后，可利用中性树胶对制成的血涂片进行封片处理，制成永久图片。

三、鱼体组织石蜡切片制作

1. 取材:快速取出鱼体组织,切成约 5 mm×5 mm×2 mm 大小的组织小块;
2. 固定:将组织小块快速放入4%的甲醛或其他组织固定液中固定 24 h,固定液体积要求为组织块的 10~15 倍;
3. 脱水:可依次用30%、50%、70%(每步约 45~60 min),85%、95%、100%、100%(每步30 min)的乙醇对组织进行梯度脱水处理;
4. 透明:转入二甲苯和无水乙醇 1∶1 的混合液中透明处理 1 h,纯二甲苯 20 mL 透明处理 1 h,再用纯二甲苯 20 mL 透明处理 40 min,并回收各液;
5. 浸蜡:将透明处理的组织依次放置于 1∶3、1∶1、3∶1 的石蜡-二甲苯溶液和纯石蜡中(每级各 30 min),其中纯石蜡浸蜡需重复两次,本过程应将样品放置于略高于石蜡熔点的温度条件下(通常 50~60 ℃);
6. 包埋:将熔化并过滤的石蜡液体加入纸制模具中,再迅速用预热的镊子夹取经处理好的组织样品平放在纸盒底部,切面朝下,取出纸制模具后放置在冷水上约 30 min 加速冷却过程。
7. 切片:用刀片将包埋有样品的蜡块修成大小合适的方形或长方形蜡块,可用热水或冷水适当改变石蜡的硬度,也可在冰箱中放置一段时间;按照切片机操作分割蜡带,分开的蜡片放在 45 ℃温水上,使蜡片展开;
8. 粘片:用载玻片小心捞取展开后的蜡片,防止滑片,调整蜡片的位置使组织位于载玻片中央,自然干燥;
9. 脱蜡:将切片放入纯二甲苯溶液中 10 min,使石蜡完全溶解,重复 2 次,溶去石蜡的切片再依次放入 3∶1、1∶1 和 1∶3 的二甲苯-乙醇溶液中,每级同样 10 min;
10. 醇化:将脱蜡切片依次放入 100%、95%、90%、80%、70%、60%、50% 的乙醇溶液中进行醇化,每级 10 min;
11. 染色:将切片放入番红染液中 4 h 充分染色,再依次放入 50%、60%、70%、80%、90% 的乙醇溶液中分级洗脱,每级 10 min;洗脱后的切片放入固绿染液中染色 1 min;
12. 脱水:染色后的切片依次放入 90%、95%、100%、100% 乙醇溶液中分级洗脱,每级 10 min;
13. 透明:脱水后的切片依次放入 25%、50%、75%、100%、100% 二甲苯溶液中透明,每级 10 min,溶液出现浑浊表示脱水不彻底,需从步骤 12 开始重来;
14. 封片:滴 1~2 滴中性树胶,将洁净的盖玻片倾斜放下,封片,镜检,选择好的切片贴上标签,切片制作完成。

四、病原菌的简单染色

1. 染料的选择：常用碱性染料，因为中性、碱性和弱酸性溶液中通常细菌带负电荷，碱性染料在电离时，其分子带正电荷，能够与细菌充分结合。常用的碱性染料有：美蓝、结晶紫和碱性复红等。当细菌分解糖类产酸时pH降低，细菌带正电荷增加，此时可用伊红、酸性复红或干果红等酸性染料。

2. 在一块干净的载玻片中央滴加一小滴生理盐水，用接种环从斜面培养基表面挑取待测细菌菌苔，混匀涂成薄膜；若为液体培养的细菌，可根据细菌量用生理盐水适当稀释后直接涂于载玻片。

3. 室温自然干燥，图面朝上，通过火焰2~3次进行热固定，使细胞质凝固，使固定的细胞牢固附着在载玻片上。

4. 将玻片平放于搁架上，滴加染液使其刚好覆盖细胞薄膜，染色3 min左右。

5. 倒去染液，使载玻片倾斜60°放置，用纯水由上端缓慢冲洗，直至流出水无色为止，取出载玻片自然干燥后镜检。

五、革兰氏染色

1. 制片：取菌种培养物常规涂片、干燥和固定，详细步骤同四中步骤2~3；

2. 初染：滴加结晶紫染色1~2 min，水流缓缓冲洗；

3. 媒染：碘液冲去残水后覆盖约1 min，水流缓缓冲洗；

4. 脱色：滤纸吸取残水，将载玻片倾斜放置于染缸上，在白色背景下用95%的乙醇脱色（脱色时间一般在20~30 s），直至流出的乙醇无紫色时立即水洗（乙醇脱色是革兰氏染色的关键：脱色不足，阴性菌易被染成阳性；脱色过度，阳性菌已被染成阴性；

5. 复染：番红复染约2 min，再次用蒸馏水缓缓冲洗；

6. 镜检：自然干燥，于油镜下观察。

六、细菌芽孢的染色

1. 染色剂的选取：由于芽孢壁厚、透性低、不易着色，普通结晶紫、石炭酸复红等染料无法使细菌芽孢囊内的芽孢着色，因此，需要选取着色力强的5%的孔雀石绿或石炭酸复红在加热条件下染色；

2. 制备芽孢菌悬液：滴加1~2滴生理盐水，用接种环挑取2~3环菌苔于试管内，搅拌均匀，制成浓的菌悬液（所用细菌的菌龄需符合大部分细菌已形成芽孢囊）；

3. 染色：添加5%的孔雀石绿或石炭酸复红2~3滴混匀，将试管放入盛水的烧杯中加热约20 min；

4.涂片:用移液器吸取试管底部少量的菌液于载玻片上,涂成薄膜,火焰上方温热3次固定;

5.脱色:水洗约30 s,直至流出的水无色为止;

6.复染:用约两滴0.5%的番红水溶液复染2~3 min,倾去染液后用滤纸吸干;

7.镜检:自然干燥后于油镜下观察,芽孢呈绿色,芽孢囊及细菌体等为红色。

七、荚膜染色法

细菌荚膜是包围在胞外的一层胶状或黏液状的物质,其主要成分多糖、糖蛋白或多肽与染料亲和力弱,而且易被水冲洗掉,因此一般采用背景着色而荚膜不着色的衬托法染色。

(一)湿墨水法

1.滴加一滴墨水于洁净的载玻片上,挑取少量细菌与其混合均匀;

2.取盖玻片盖在混合液上,然后在盖玻片上放一张滤纸,轻轻按压以吸去多余的混合液,避免出现气泡;

3.显微镜观察,相差显微镜更好,背景灰色,菌体较暗,其周围呈明亮的透明圈即为荚膜。

(二)干墨水法

1.制混合液:滴加一滴6%的葡萄糖溶液于干净的载玻片上,挑取少量菌体,再滴加一滴墨水充分混匀;

2.另取一块载玻片倾斜45°放置于血液靠前位置,微微向后移动使血液粘在玻片上,静置约30 s直至血液沿玻片直线散开,最后将玻片沿着底部载玻片向前快速推片,制作成一块厚度合适的细菌涂片,自然干燥;

3.固定:将载玻片上的细菌滴加甲醇固定约1 min,倾去甲醇,用酒精灯文火干燥;

4.染色:甲基紫染色1~2 min;

5.水洗:用水缓缓冲洗至流出水为无色;

6.镜检:背景灰色,菌体较暗,其周围呈明亮的透明圈即为荚膜。

(三)Anthony氏法

1.按照常规方法取菌涂片,空气中自然干燥,勿加热干燥固定;

2.用1%的结晶紫水溶液染色2 min;

3.用20%的硫酸铜水溶液冲洗脱色,并用滤纸吸干残液;

4.自然晾干后于显微镜油镜下观察,菌体染成深紫色,菌体周围的荚膜呈淡紫色。

参考文献

[1]黄琪琰.水产动物疾病学[M].上海:上海科学技术出版社,2004.

[2]战文斌.水产动物病害学[M].第2版.北京:中国农业出版社,2011.

[3]张剑英,邱兆祉,丁雪娟,等.鱼类寄生虫与寄生虫病[M].北京:科学出版社,1999.

[4]夏春.水产动物疾病[M].北京:中国农业出版社,2011.

[5]王雪鹏,丁雷.鱼病快速诊断与防治技术[M].北京:机械工业出版社,2014.

[6]姜礼燔,吴万夫.鱼病诊断与施药技术[M].北京:中国农业出版社,2000.

[7]农业部《新编渔药手册》编撰委员会.新编渔药手册[M].北京:中国农业出版社,2005.

[8]汪建国,王玉堂,陈昌福.渔药药效学[M].北京:中国农业出版社,2011.

[9]权可艳,李正军.常用渔药使用手册[M].成都:四川科技出版社,2011.

[10]李登来.水产动物疾病学[M].北京:中国农业出版社,2004.

[11]王建平.水产病害测报与防治[M].北京:海洋出版社,2008.

[12]朱模忠.兽药手册[M].北京:化学工业出版社,2002.

[13]陈新谦,金有豫,汤光.新编药物学[M].北京:人民卫生出版社,2003.

[14]林志彬.医用药理学基础[M].北京:世界图书出版公司,2002.

[15]黄志斌,胡红.水产药物应用表解[M].南京:江苏科学技术出版社,2001.

[16]刘乾开,朱国念.新编农药使用手册[M].第2版.上海:上海科学技术出版社,2000.

[17]汪开毓,耿毅,黄锦炉.鱼病诊治彩色图谱[M].北京:中国农业出版社,2011.

[18]烟井喜司雄,小川和夫.新鱼病图谱[M].北京:中国农业大学出版社,2006.

[19]国家药典编委会.中华人民共和国药典:第二部[M].北京:中国医药科技出版社,2010.

[20]林祥日.水产动物疾病防治技术实训[M].厦门:厦门大学出版社,2016.

[21]白功懋.寄生虫学及寄生虫学检验[M].北京:人民卫生出版社,1997.

[22]张建英,邱兆祉,丁雪娟.鱼类寄生虫与寄生虫病[M].北京:科学出版社,1999.

[23]汪开毓.鱼病防治手册[M].成都:四川科学技术出版社,1998.